洋兰欣赏与栽培图说

陈宇勒　编著

金 盾 出 版 社

内 容 提 要

本书以丰富的彩色照片及新颖、活泼的手绘彩图向读者介绍了千姿百态的洋兰及其栽培技术。书中对近50种洋兰的生长环境、形态特征做了较详细的阐述，并对洋兰的栽培方式、栽培基质、生长条件、繁殖以及病虫害防治等管理技术做了生动的描述。本书内容实在，技术实用，表达清晰，图文并茂，可操作性强，适合广大兰花爱好者、家庭养花者和相关企、事业部门的有关人士阅读、参考。

图书在版编目(CIP)数据

洋兰欣赏与栽培图说/陈宇勒编著．—北京：金盾出版社，2004.3
ISBN 7-5082-2878-2

Ⅰ．洋…　Ⅱ．陈…　Ⅲ．兰科-花卉-观赏园艺-图解　Ⅳ．S682.31－64

中国版本图书馆CIP数据核字(2004)第007477号

金盾出版社出版、总发行
北京太平路5号(地铁万寿路站往南)
邮政编码:100036　电话:68214039　66882412
传真:68276683　电挂:0234
封面印刷:北京百花彩印有限公司
正文印刷:北京外文印刷厂
各地新华书店经销
开本:850×1168 1/32　印张:8　字数:144千字
2004年8月第1版第2次印刷
印数:11001—21000册　定价:27.00元

序　言

兰花可谓花卉中的贵族，花中之瑰宝。在国人的心目中，中国兰花素雅、清香，其秀外慧中的美令无数人倾倒，自古以来为我国人民所喜爱并收集栽培。而近10年才流行起来的洋兰一般指生长在热带、亚热带地区的附生兰，虽不同于国兰的幽香朴实、清雅脱俗，但有其千姿百态、花色艳美的特点。因此，洋兰更符合现代人的品味，越来越受到欢迎。

作者陈宇勒，毕业于中山大学生物系，在书画及摄影方面亦颇有造诣，其作品多次在国内外刊物杂志上发表并获奖。他爱好兰花的栽培和研究，家中种植兰花数百种，实为可贵。今著《洋兰欣赏与栽培图说》，图文并茂。书中彩图及照片都为作者手绘及拍摄，志在推广和发展洋兰事业。在该书出版之际，借此作序表示祝贺。

中山大学生物科学学院教授　王永锐

二〇〇三年六月

作者通讯处：深圳罗湖区莲塘5号路翠榕花园4栋706房
邮编：518004
（若请作者回函，请附上邮资）

目　录

话说洋兰

兰花是世界上最美丽、最丰富多彩和最有魅力的花卉植物之一。

兰科是植物界中的一个庞大家族，也是高等植物中最大的科之一。据专家统计，兰花大约有800多个属、3~3.5万个原生种，已登记注册的人工杂交种约有4万种以上，并且仍在不断发现和创造新的品种。

按我国的习惯，兰花可分为国兰和洋兰两大类。国兰多指地生兰，如春兰、墨兰、建兰、寒兰等，它们叶姿秀雅，幽香清远，享有“天下第一香”、“王者之香”的美誉，但花小、花少，色清雅而不艳；洋兰多指热带的气生兰，它们花大、花多、色彩丰富、艳丽，其中也有一些具有芳香气味，但不同于国兰特殊的清香。国兰与洋兰对生活环境的要求不同，国兰多生长在温带或亚热带的边缘地区，可以忍受较低的温度和湿度；而洋兰则生长在赤道中心和南北回归线附近的热带、亚热带地区，以附生为主，具有发达的气生根(图1-1，表1)。

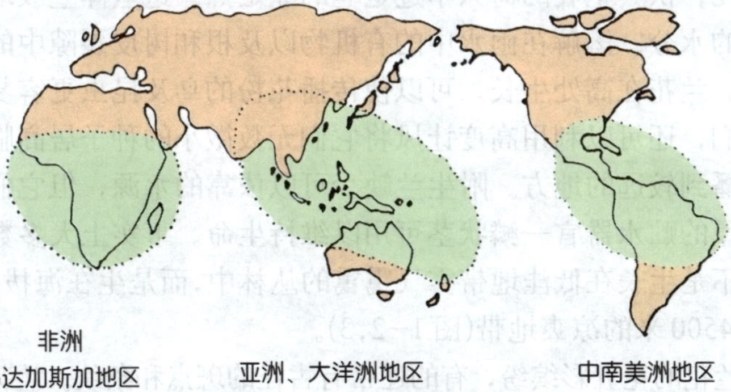

图1-1　洋兰主要分布在热带、亚热带地区

表1 常见洋兰分布区域

热带亚洲	热带美洲	热带非洲	温带区	
			亚洲	澳洲、欧洲
指甲兰、石斛、兜兰、贝母兰、鹤顶兰、大花蕙兰、虾脊兰、万代兰等	树兰、文心兰、齿瓣兰、蕾丽兰、巴拉索兰、捧心兰、贞兰、兜兰、香荚兰、虾脊兰等	安顾兰、竹叶兰、香荚兰、虾脊兰	蝴蝶兰、大花蕙兰、石斛、鹤顶兰、虾脊兰、指甲兰、香荚兰、独蒜兰等	虾脊兰、鹤顶兰、大花蕙兰、石斛、蝴蝶兰、万代兰等

热带的兰花，尤其是野生的兰花，以其特殊的魅力，使每一个见到它的人都惊叹不已。19世纪30年代，达尔文乘英国“贝格尔”号船航海期间考察了巴西的丛林。他对那些生长在树上的花感到十分惊奇，以为兰花是攀在较高的树木上吸取其养分，故称之为“奇妙、美丽的寄生花”。他和其他一些人的报告导致一种错误概念，认为兰花是凶恶的水蛭式的吸食性寄生植物，从而使人们产生种种神话般的猜想。又由于某种兰花看上去像是捕食昆虫的陷阱，人们还以为它们会吞掉冒险进入陷阱的昆虫。其实，洋兰既不是寄生植物也不是食肉植物，它的适应能力非凡，供其生长的树只不过是它的立足点。这些洋兰吸取空气中的水分、溶解在雨水中的有机物以及根和树皮裂隙中的腐殖质。兰花在高处生长，可以使传播花粉的鸟及昆虫更容易发现它们，还可以利用高度让风将它们无数微小的种子居高临下地散播到较远的地方。附生兰缺少可以依靠的水源，但它们具有肥厚的贮水器官—鳞状茎可用以维持生命。事实上大多数热带兰不是生长在低洼地带雾气霭霭的丛林中，而是生在海拔800米到4500米的凉爽地带(图1−2,3)。

兰花的花五彩缤纷，有的还带有古怪的斑点和条纹。兰花所表现的奇异形状、气味和颜色并不是为了取悦观赏花的人，而是为了种族的延续：用它有魅力的花形、花色和花香诱惑它的传粉

生长环境	条　件
年平均温度	15℃以上，最低 5℃，夏季清凉
海　拔	800 米～4500 米
湿　度	大

图 1–2　洋兰生境

者。在兰花的家族中，至少有 50 种不同的气味，有清淡的幽香，醉人的酒香，也有腐肉的恶臭，每一种气味都能吸引一种或几种昆虫和鸟。有的兰花甚至能改变它们的气味，从而在不同的场合使不同的对象感兴趣。

热带兰的花形极为繁复又别具一格。有的如蝴蝶、金鱼、蜜蜂、青蛙和蜘蛛，也有的像羊角和虎头，奇异无比(图 1–4)；热带兰的颜色十分丰富且美丽迷人，花色除了黑，几乎包括了所有的颜色，如黄、橙、红、绿、蓝、紫、纯白以及无数种复色，其色彩组合千变万化，而且大都有明丽的荧光。

兰花的花期特别长，除少数品种外，单朵花开花时间一般都在3～4周之间，有的甚至长达数月之久，许多种类四季有花。热带兰除可盆栽观赏外，也极宜作切花，水插时间可达14～20天。此外还有无茎与多茎、矮生与树状、无叶与多叶、绿叶与斑叶之

洋兰对湿度敏感，大部分的洋兰属于附生兰，一般都在树上生长，能应付天气暂时性的干燥；而地生兰大部分都在树下生长，其根部需保持湿润

图 1–3　洋兰的生长特性

别，可谓名目繁多，引人入胜。特别是它的带叶垂枝、露根等还可作为悬吊装饰，观之极富韵味，因此在国际花市上地位极高(图 1–5)。

兰花不仅观赏价值高，有些还具有镇静、解毒、滋阴益阳、养胃之功效及医治热痰、恶性疟疾、扁桃腺炎等，如金钗石斛就是我国名贵中药。

欧洲最初栽培的兰花大多是温带地区原产的地生兰，花小，栽培量不如其他花草。西方大量栽培原产于热带、花大而色泽鲜

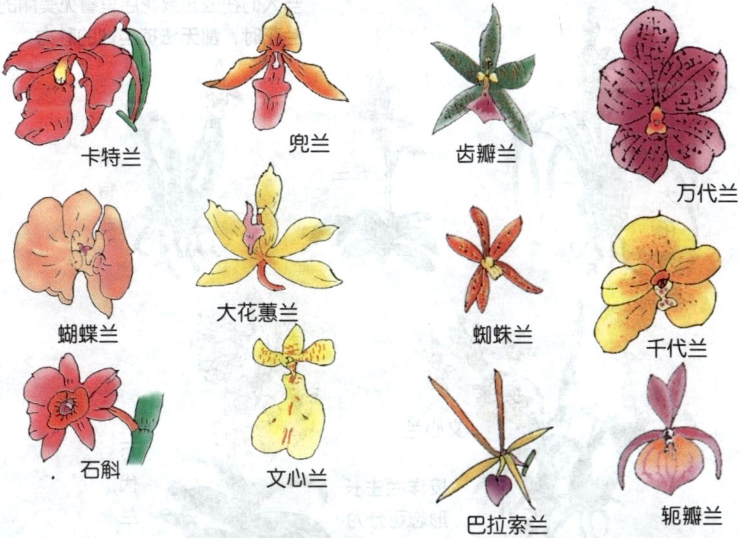

图 1–4　千变万化的洋兰花形

艳美丽的兰花，是在1753年林奈完成现代植物分类工作以后才开始的。从18世纪上半叶起，热带兰陆续被探险者和航海家带到欧洲，但真正把兰花热推向高潮的，是在1818年。一位叫 Willisam Cattleya的进口商（他同时是一名业余园艺师）对一些用作进口包装材料的热带植物的假鳞茎发生了浓厚兴趣，他试着把它们栽到温室里，当年冬天这些"废物"便开放出美丽的花朵。植物学家林德雷博士认为这是一个植物新种，为纪念Cattleya氏，给予其卡特利亚兰的属名。卡特兰紫色的斑纹和带有明亮皱褶的唇瓣使这种花成为"胸花"中的佼佼者，并在舞台和宴会上引起轰动，一时风靡欧洲。英国女王在加冕大典上就曾佩戴此花以示圣洁和荣耀。于是，那些有钱的收藏家和商业养花者急忙派出专业植物猎奇者到热带地区寻找更多更好的兰花。这些人搜遍了中南美洲、非洲及亚洲的印度、马来西亚和菲律宾的高山和丛林，历尽千辛万苦，带回大批的花卉，以惊人的价格在伦敦的拍卖行出售，后又行销巴黎和纽约。兰花曾一度被人们高价炒卖，有"绿色股票"之称。

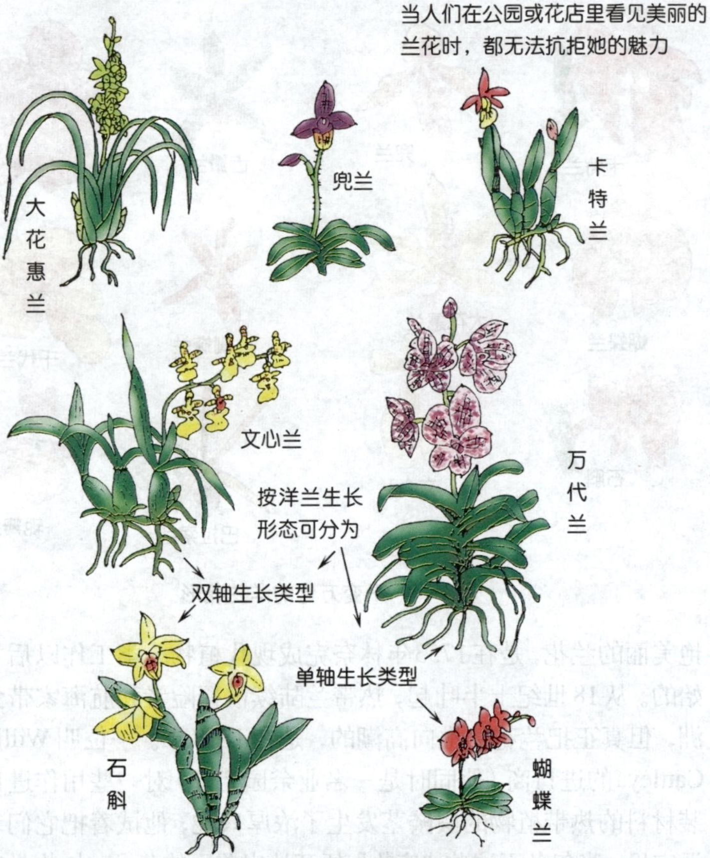

图 1–5　千姿百态的洋兰

随着社会经济的发展，人们生活品位的提高，兰花在花卉市场上所占地位也越来越显赫，颇受国际园艺界的重视。新加坡、斯里兰卡、巴西、哥伦比亚、委内瑞拉、危地马拉、哥斯达黎加、巴拿马等国将其盛产的洋兰尊为国花。

1856 年，兰花苗圃专家约翰 · 多米尼将两种兰花杂交，首次成功地培育出人工杂交的兰花品种。此后，专业的或业余的人员不断进行品种杂交的实验，以寻求在色、形、味上更加奇异和完美的兰花。目前兰花成了在植物家族中杂交品种最多的植物，由英国皇家园艺协会认可、经过官方注册的品种已达10多万种。

第一次世界大战后，养兰业比较发达的国家应属英国和日本。但自第二次大战后，美国的兰花发展甚快，兰花成了美国人喜爱的花卉之一。美国生产的兰花除自销外，还大量向世界各地出口。在日本、泰国、菲律宾、新加坡、马来西亚、韩国、巴西、澳大利亚等国家以及我国台湾，兰花的栽培和生产量都比较大。

有很长的一个时期，栽培者用种子培育兰花遇到困难。由于种子本身缺乏养分储存，它们必须和一种特殊真菌共存才能获得必要的养分，可以说，没有大自然的这种平衡作用，地球可能早被兰花覆盖了。

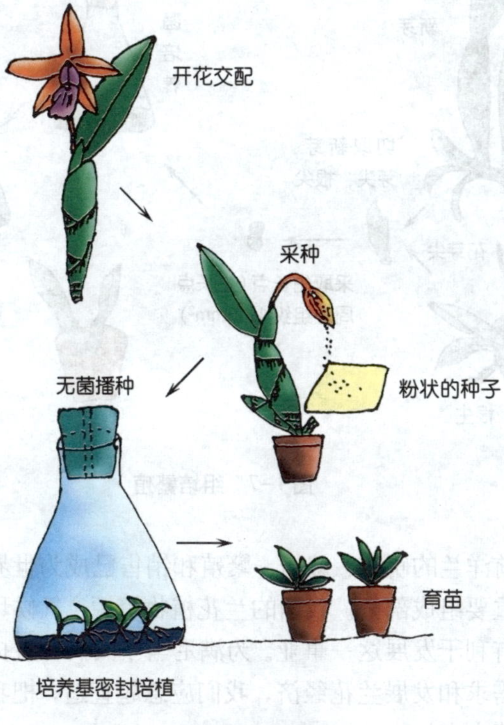

图1–6　种子繁殖

1922年，植物生理学家易斯·纽狄逊证明，这种真菌的唯一功能是供给种子发育所需要的糖和矿物质。将种子撒在含有这些营养物质的琼脂培养基上进行消毒培养，从而革新了兰花植株的培育（图1–6）。

19世纪60年代，法国化学家乔治·莫里尔发现，花枝顶部正在生长的分生组织切片可以生成新的枝芽，大多数兰花都可以用这种方法来繁殖，这种无性繁殖的植株不但比种子繁殖的植株长得快，而且可以克隆优良的杂交品种。如今，已经用这种方法培育出了许许多多珍贵的、价格适当的新品种（图1–7）。

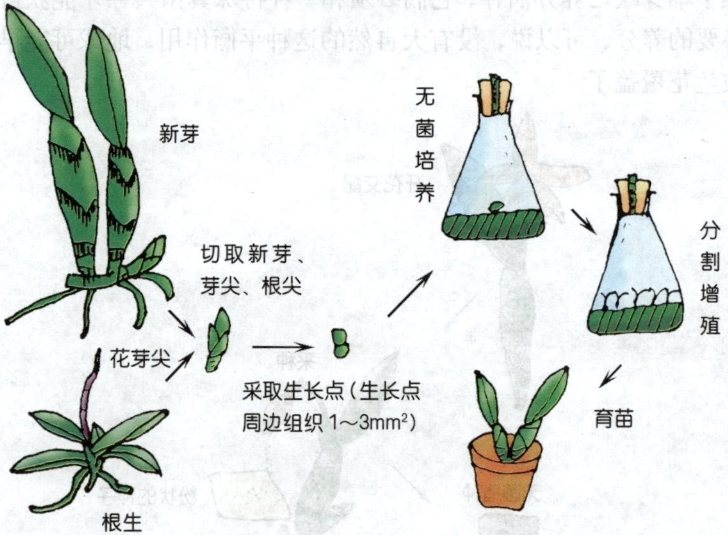

图1–7　组培繁殖

目前洋兰的研究、栽培、繁殖和销售已成为世界经济和人民生活的重要组成部分。我国的兰花植物资源、气候环境和劳动力都极其有利于发展这一事业。为满足当今人们日益提高的对精神生活的需求和发展兰花经济，我们应急起直追，把我国的洋兰栽培事业搞上去！

洋兰生境

① 热带雨林——洋兰的摇篮（照片中间立木上长满洋兰）。

② 附生于树干上的海南钻喙兰

③ 原种纯色万代兰的附生状（大量裸露的气生根）。
④ 野外着生于枯木上的狐尾兰、隔距兰和盆距兰。
⑤ 生长于溪谷旁山坡上的地生兰（墨兰、虾脊兰和鹤顶兰混生在一起）。

洋兰欣赏

一、以观花为主的洋兰

（一）卡特兰属 *Cattleya*

卡特兰属花展

大型花卡特兰

① “金玉”

② “海伦布朗”

③ “幸运”

④ “粉娇”
⑤ “展季 1 号”
⑥ “庄明 2 号”

⑦“国伦”
⑧ 粉花紫唇卡特兰
⑨ 白花卡特兰

⑩ “龙猫”
⑪ “金丝猴”
⑫ 新品种卡特兰

⑬ “黄秀”
⑭ “包青天”
⑮ “义美”

⑯“中国淑女”

⑰“新美”

⑯

⑰

中型花卡特兰

① 白花卡特兰
② 白花卡特兰

①

②

③ 黄花红唇卡特兰
④ 巴拉索卡特兰
⑤ “香美人”

⑥“玫瑰红”

⑦“情人节”

⑧“小可爱”

小型花卡特兰

① 蕾丽亚卡特兰——双叶类

② 树兰卡特兰

③ 橙红花紫唇卡特兰
④ 黄花红唇卡特兰
⑤ 粉花紫唇卡特兰

⑥“黄金万两”
⑦“红粉佳人”

迷你型卡特兰

① 小花迷你卡特兰
② 小花迷你卡特兰

(二)卡特兰属的近缘属

蕾丽亚兰属 *Laelia*

橙红色蕾丽亚兰

树兰属 *Epidendrum*

① 紫花树兰

② 翅树兰

③ 拟树兰

巴拉索兰属 *Brassavola*

① 白花巴拉索兰

② 黄花紫点巴拉索兰

①

②

巴克兰属 *Barkeria*

① 紫红花巴克兰

贞兰(丑角兰)属 *Sophronitis*

② 红花贞兰

（三）兜兰属 *Pophiopedilum*

① 硬叶兜兰

② 杏黄兜兰

③ 麻栗坡兜兰——我国特有的原生种

④

⑤

⑥

④ 小叶兜兰
⑤ 白色兜兰
⑥ 同色兜兰

⑦ 彩云兜兰
⑧ 巨瓣兜兰
⑨ 长瓣兜兰

⑩ 亨利兜兰
⑪ 紫纹兜兰
⑫ 紫毛兜兰

⑬ 斑叶兜兰
⑭ 阿尔马兜兰
⑮ 胼胝兜兰

⑯ 带叶兜兰
⑰ 卓别林兜兰
⑱ 彩云兜兰杂交种

⑲ 菲律宾兜兰
⑳ 杏黄兜兰变种
㉑ 奇丽花瓣兜兰

㉒ 斑点大花型兜兰
㉓ 黄色大花型兜兰
㉔ 大花型传统混种兜兰

(四)石斛属 *Dendrobium*

① 大苞鞘石斛
② 肿节石斛

③ 翅梗石斛
④ 细叶石斛

⑤ 流苏石斛

⑥ 兜唇石斛

⑦ 尖刀唇石斛

⑧ 金钗石斛（茎可入药）

⑨ 菲律宾石斛

⑩ 春石斛
⑪ 黄花春石斛

⑫ 白花黑唇春石斛
⑬ 白花黄唇春石斛
⑭ 粉花黄唇春石斛

⑮ 秋石斛
⑯ 仙娣秋石斛

⑰ 沙比纳秋石斛
⑱ 红花秋石斛
⑲ 紫红花秋石斛

⑳“熊猫1号”秋石斛

㉑“庄富”秋石斛

㉒白色大花秋石斛

㉓ 白花秋石斛
㉔ 白花紫唇秋石斛
㉕ 白花蓝唇秋石斛

⑳ 黄缘花紫唇秋石斛
㉗ 缘花紫唇秋石斛
㉘ 粉花秋石斛

㉙ 扭瓣秋石斛

㉚ 石斛多代杂交种

(五)兰属——大花蕙兰 *Cymbidium*

① “蜜月”
② “小金童”，有香气

③ “台风”，有香气

④ “碧玉”

⑤ “帝王”

⑥“碧眼”
⑦“琴手”
⑧“红天使”

⑨“美人唇”
⑩“贵夫人”
⑪“皇女”

⑫“台北小姐”
⑬“粉面佳人”
⑭“天马”

⑮

⑯

⑰

⑮ “梦乡”
⑯ “红唇”
⑰ “樱桃”

⑱ 大花蕙兰

⑲ 吊垂大花蕙兰

⑳ 垂盆大花蕙兰

㉑ 褐绿紫唇大花蕙兰
㉒ 附生于木段的大花蕙兰

（六）蝴蝶兰属 *Phalaenopsis*

① 蝴蝶兰展台
② 桃红蝴蝶兰——小花蝴蝶兰原生种
③“阿妈”——台湾蝴蝶兰原生种

④ 白花蝴蝶兰
⑤ 白花橙唇蝴蝶兰
⑥ 白花红唇蝴蝶兰

⑦ 条纹彩斑蝴蝶兰
⑧ 条纹蝴蝶兰
⑨ 荧光蝴蝶兰

⑩ 玫瑰条纹蝴蝶兰
⑪ 花脸蝴蝶兰
⑫ 娇粉蝴蝶兰

⑬“荷兰黄”
⑭“宝岛玫瑰”
⑮“明和公主”

⑯ “小男孩”
⑰ “夕阳红”
⑱ “法国斑点”

⑲ “连春”
⑳ “阳光”
㉑ “龙王”

五唇兰属 *Doritis*

① 五唇兰
② 五唇兰
③ 五唇兰杂交种

（八）万代兰属 *Vanda*

① 白柱万代兰
② 小花万代兰

③ 褐黄色小花万代兰
④ 褐黄色大花万代兰
⑤ 纯黄色花万代兰

⑥ 浅粉花万代兰
⑦ 褐红斑万代兰
⑧ 紫红花万代兰

⑨ 红点大花万代兰

⑩ 蓝点大花万代兰

⑪ 红花万代兰

（九）万代兰的近缘属

1. 千代兰属 *Ascda*

① 千代兰

② 千代兰切花品种

①

②

①

②

③

2. 钻喙兰属 *Rhynchostylis*

① 白花钻喙兰
② 深红花钻喙兰
③ 斑点钻喙兰

3.指甲兰属 *Aerides*

① 扇唇指甲兰

4.鸟舌兰属 *Ascocentrum*

② 鸟舌兰

5.风兰属 *Angraecum*

③ 风 兰

①

②

③

6. 火焰兰属 *Renanthera*

① 火焰兰

7. 蜘蛛兰属 *Arachnis*

② 红花蜘蛛兰
③ 黄花紫斑蜘蛛兰

（十）文心兰属 *Oncidium*

① 黄花文心兰
② 黄花文心兰

①

②

③ 褐花文心兰
④ 奇唇文心兰（文心兰与齿舌兰的杂交种）
⑤ 双色香水文心兰

⑥ 三色香水文心兰

⑦ 香水文心兰新种

⑧ 迷你型香水文心兰

⑨ “灿皇后”
⑩ “芭蕾”
⑪ “蝶花”

⑫ “黄猫”
⑬ “野猫”

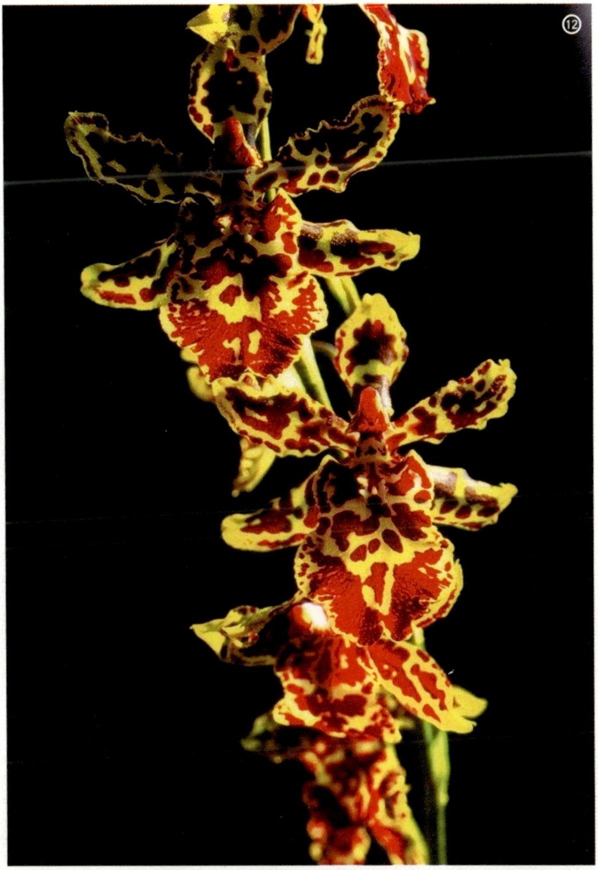

⑭“红猫”

⑮“花猫”

⑯“红猫”、“花猫”杂交种

（十一）文心兰的近缘属

1.密尔顿属 *Miltonia*

① 密尔顿兰
② 密尔顿兰杂交种
③“红蜘蛛”—密尔顿兰与长萼兰的杂交种

2. 齿舌兰属 *Odontogloss*

① 齿舌兰

3. 长萼兰属 *Brassia*

② 长萼兰

4. 凹萼兰属 *Rodriguezia*

③ 凹萼兰

（十二）独蒜兰属 *Pleione*

① 独蒜兰
② 黄花独蒜兰

①

②

白及属 *Bletilla*

白 及

（十四）鹅颈兰属 *Cycnoch*

① 绿黄花鹅颈兰

② 斑点鹅颈兰

（十五）鹅颈兰属的近缘属

1.飘唇兰属 *Catasetum*

① 飘唇兰
② 飘唇兰杂交种
③ 飘唇兰杂交种

2. 旋柱兰属 *Mormodes*

① 旋柱兰

①

② 褐点旋柱兰

③ 褐黄点旋柱兰

④ 旋柱兰杂交新种

（十六）捧心兰属 *Lycaste*

捧心兰

（十七）接瓣兰属 *Zygopetalum*

① 韦特接瓣兰
② 接瓣兰杂交种

①

②

(十八)鹤顶兰属 *Phaius*

① 鹤顶兰
② 自然生长的鹤顶兰

（十九）鹤顶兰属的近缘属

1.虾脊兰属 *Calanthe*

① 银带虾脊兰

2.苞舌兰属 *Spathoglottis*

② 苞舌兰

（二十）贝母兰属 *Coelogyne*

栗鳞贝母兰

二、以观叶为主的洋兰——宝石兰系列

（一）开唇兰属 *Anoectochilus*

开唇兰

（二）斑叶兰属 *Goodyera*

斑叶兰

（三）血叶兰属 *Ludisia*

血叶兰

三、奇特型洋兰

（一）竹叶兰属 *Arundina*

竹叶兰

（二）槽舌兰属 *Holcoglossum*

槽舌兰

(三)石豆兰属 *Bulbophyllum*

领带石豆兰

(四)卷瓣兰属 *Cirrhopetalum*

梳帽卷瓣兰

(五)羊耳蒜属 *Liparis*

羊耳蒜兰

(六)美冠兰属 *Eulophia*

美冠兰

（七）石仙桃属 *Pholidota*

① 石仙桃
② 野生石仙桃

(八)毛兰属 *Eria*

足茎毛兰

(九)香荚兰属 *Vanilla*

香荚兰

(十)牛齿兰属 *Appendicula*

牛齿兰

常见品种介绍

一、以观花为主的洋兰

(一)卡特兰属 *Cattleya*

1．卡特兰属的生境(图 2–1)

卡特兰属又称卡特利亚兰属或嘉德丽亚兰属，为洋兰之代表。英国人在1818年初从巴西把这种兰带回英国。1824年，为纪念园艺家 Willisam Cattleya 氏，把该种兰定名为卡特利亚兰。

本属植物约有65个原生种，多是名花。原产于美洲热带和亚热带，从墨西哥到巴西都有分布，其中哥伦比亚和巴西野生最多。该属易于种植和异属杂交改良，人工培育的品种层出不穷，数目难以统计。该改良种花株高大，多用于插花，尤其是白花种更是供不应求。卡特兰的花奇异而艳丽，并且一年四季都有不同品种开花，每朵花寿命较长，一般可开放近一个月，既是普及的盆花，还是重要的高档切花。在庞大的兰科植物中，卡特兰是最大的一族。初学者栽培容易成功，是世界上栽培最多的品种。

2．形态特征(图 2–2)

(1) 叶

长椭圆形，厚而富有革质，淡绿色。叶表面有光泽，不起皱的是健康株。

(2) 茎

有假鳞茎，长纺锤形、直立，因种类不同有较大的变化。假鳞茎顶端着生 1 或 2 枚叶，茎与叶都是可以贮藏水分和养分的组织，粗大有光泽的是健康兰株。

(3) 根(图 2–2–3)

根初发时呈绿色，之后大部分会变成白色，只有小部分保留绿色，它是根的尖端组织，起保护根尖的作用，如这部分被折断，

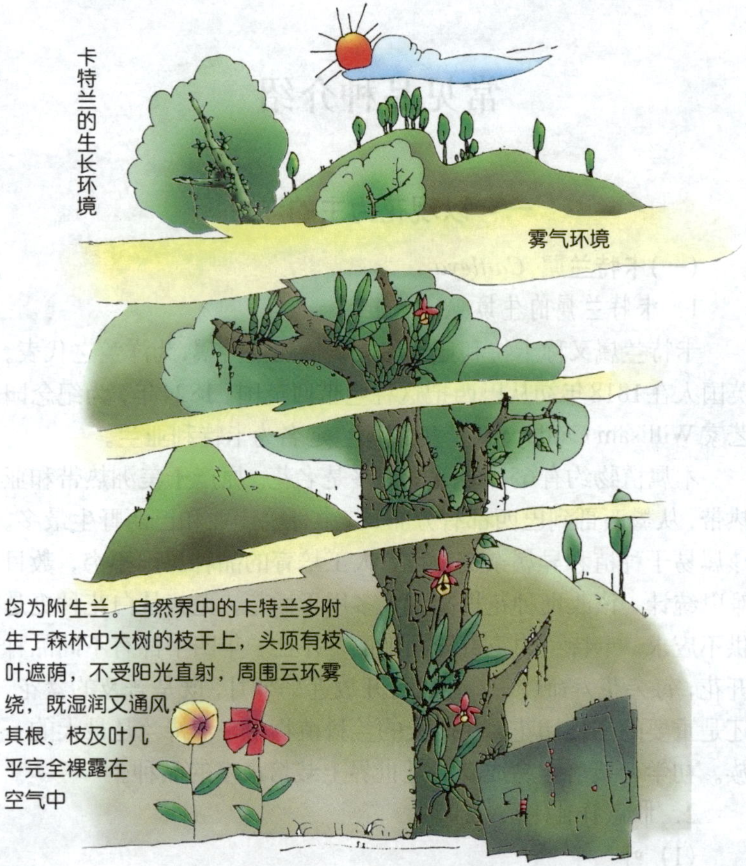

图 2–1　卡特兰属的生境

根即停止生长，故在移动兰株时，要小心行事。根的作用是支持兰株及吸收养分。

（4）花（图 2–2–4）

花鞘由假鳞茎上生出，少数在假鳞茎基部长出的有叶的茎上着生。有花1朵至多朵。野生种花小，杂交种花大、艳丽，单生或成花序。开花后在茎基部重新发出新芽，伸展成发育良好的茎，然后才能再开花。花只开一次，原则上每年一次。但亦能一年开

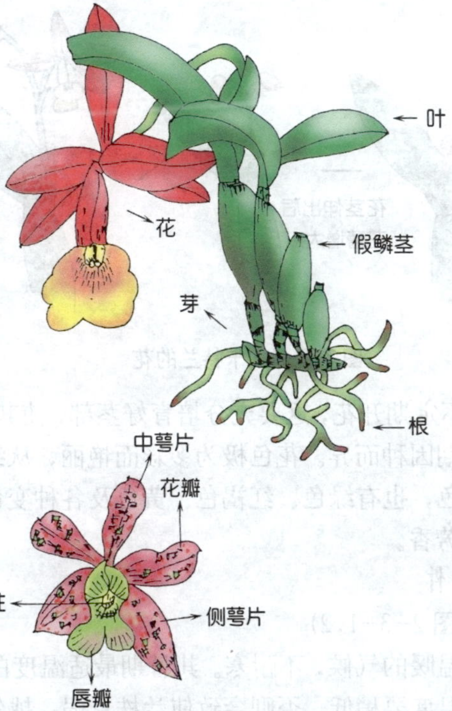

图 2–2　卡特兰属的形态特征

卡特兰属的附生性极强，根系粗壮常长出盆外，这与地生植物不同

图 2–2–3　卡特兰的根

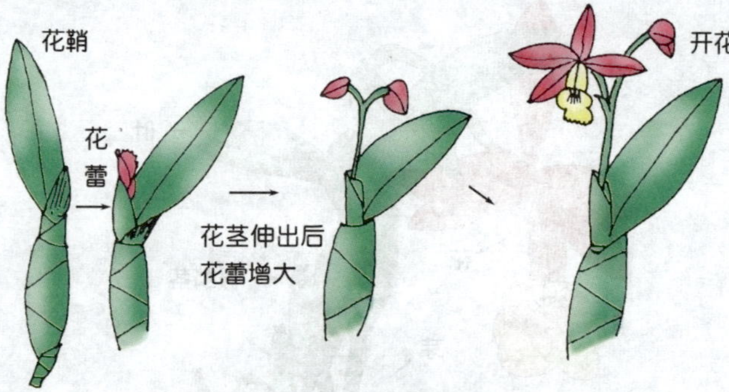

图 2–2–4　卡特兰的花

花两次，称为不定期开花，这要充分培育好茎部，使其发育良好，方能实现。花期因种而异。花色极为多彩而艳丽，从纯白色至深紫红色、米红色，也有绿色、红褐色、黄色及各种变色。有些种还具有特殊的芳香。

3．生长条件

(1) 温度(图 2–3–1,2)

卡特兰喜温暖的气候，不耐寒。其暑期最适温度白天为 30℃左右，但夜间温度要稍低，否则会致使兰株衰弱；越冬温度保持在 15℃左右为宜，不能低于 8℃，白天最少高出夜间 5℃以上。若

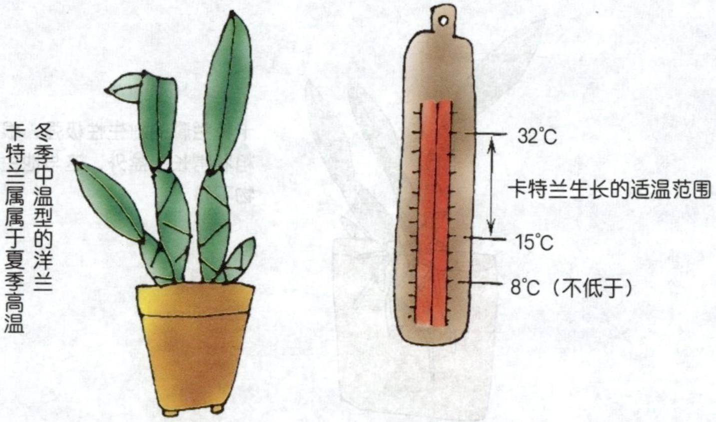

图 2–3–1　温度控制

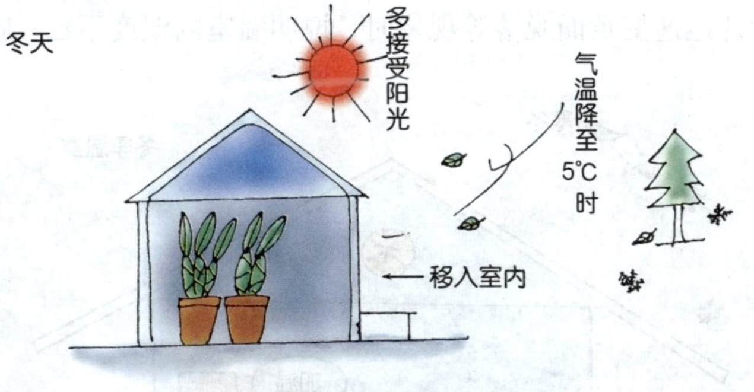

图 2-3-2　温度控制

温度在10℃左右，花期推迟，花不能完全盛开，花期较短。若温度在5℃左右，叶片呈黄色，显得无生气，假鳞茎产生纵皱纹，花芽不能长大、长高，花鞘变褐，生长受阻。若气温降至1℃～2℃，叶片枯黄或变成褐色而脱落，花蕾枯死。

(2) 湿度(图 2-3-4,5)

卡特兰能耐干燥，即使一个月不浇水，仍不会枯死。在原产地，虽遇干旱，但仍有湿气交互补充，这时其茎叶的贮水组织发挥很大作用。养好卡特兰，浇水是关键，最重要是排水，切忌积水，若依照一般花草那样持续地淋洒，会使水分过多，引致根部腐烂。介质偏干，容易长出新根。事实上，湿度控制要根据季节、天气、生长时期、放置地点、栽培环境等条件不同而有所区别。一般浇水宜少次、多量，即每次浇水时要使介质一次性湿透，再浇时应待介质干透后进行，这样才适合卡特兰的附生习性。在春秋季生长期间，要求充沛的水分和较高的空气湿度，需多浇水，每天在叶面喷雾一次，不可过分干躁，否则影响生长。花期结束后休眠6个星期，要少浇水。冬季卡特兰生长几乎停止，处于相对休眠期，可减少浇水。但这时正是抽芽的时期，如果对温室加温，使本来已十分干燥的空气湿度更加降低（如降至30%左右），可能导致植株在开花之前干枯而死。因此，在加温的同时，应设法增加温室的湿度。在这期间(包括春季)如果发现花蕾枯黄，无法开

花，或未完全绽开的花朵提早凋萎，甚至新根生长速度缓慢，或老叶片迅速变黄而脱落等现象时，说明温室内湿度不足，应设法

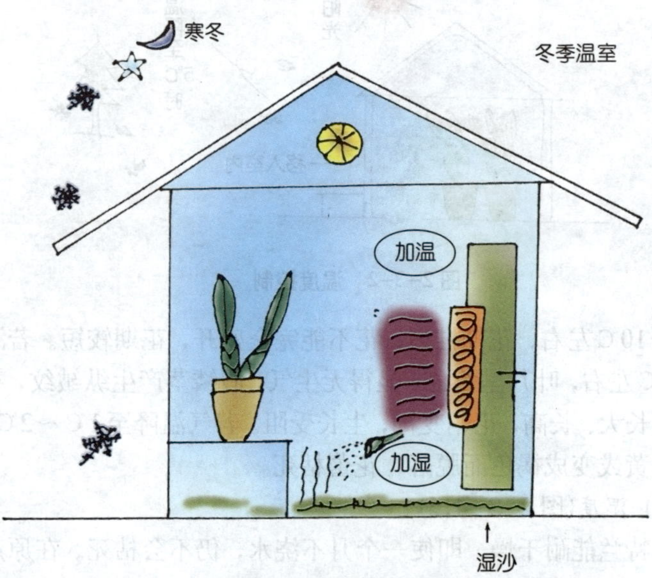

在冬季温室里加温的条件下必须同时加湿

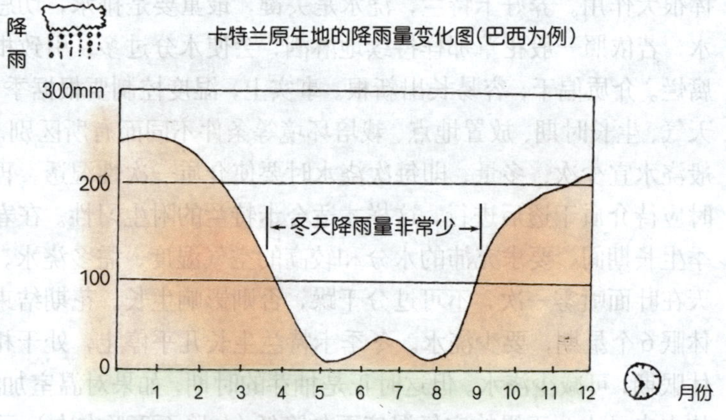

原生地冬天降雨量少且干燥，卡特兰的同类同样生存在此环境，因此，在冬天休眠期给太多的水分反而有害

图 2-3-4　湿度控制

图 2–3–5 浇 水

补充。如增加地面、台架的洒水次数或少量向叶面喷水，入夜前地面洒水等。空气湿度四季应保持在 80% 以上。

(3) 光照(图 2–3–6)

卡特兰较喜阳光，能够耐直射阳光，阳光充足有利开花。在生长旺盛期，光照强度强些更有利，最低限度要有半日的阳光照射。因此，无论室内室外种植的卡特兰，成株都需要 50% 以上的光照，中小苗要适当遮荫。

(4) 通风(图 2–3–7)

空气流通是重要的一环。如在温室内栽培，应经常用电扇向地面吹风，使空气对流，强制通风。在夏季旺盛的生长时期，我国大部分地区气候炎热，需注意良好的通风、透气，这时有必要

图 2–3–6　四季光照控制

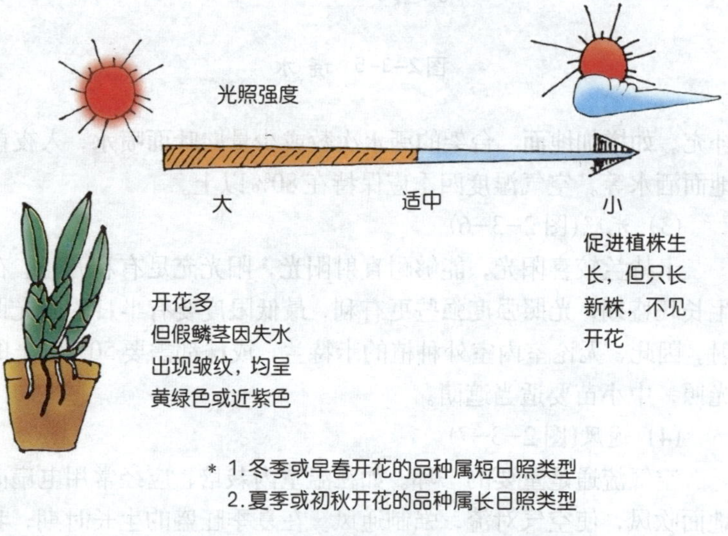

＊ 1.冬季或早春开花的品种属短日照类型
2.夏季或初秋开花的品种属长日照类型

图 2–3–6　光照强度对卡特兰生长的影响

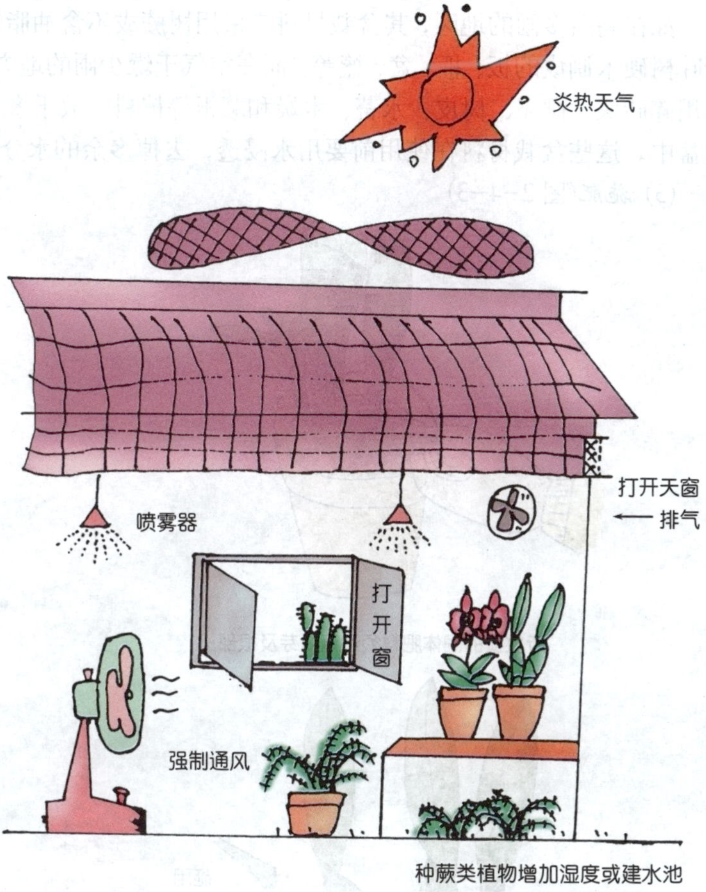

图 2–3–7　通　风

将它移至室外荫棚下一段时间，否则生长不良，也易发生腐烂病。

4. 栽培管理

(1) 栽培方式

盆栽。容器要透气、排水性能良好，可用盆底及四周多孔的瓦盆或塑料盆等。

(2) 栽培基质

如在高温多雨的地区，其盆栽材料应采用树蕨或不含油脂的阔叶树硬木制成的板、框、盆、篮等；而在空气干燥少雨的地方，宜用碎砖块、椰壳、树皮、水苔、木炭和蕨根等植料，放于多孔的盆中。这些盆栽材料在使用前要用水浸透，去掉多余的水分。

(3) 施肥(图 2-4-3)

图 2-4-3 施 肥

卡特兰一般不必施肥，但每2～3年需翻盆一次。在无肥状态下栽培，三年内都不会枯死且仍旧开花。卡特兰是吸收力强的植物，若施用肥料，茎叶变得粗大，花数增多、花轮大。在卡特兰旺盛生长的春夏秋三季，应注意在盆面不同部位放上一些发酵过的固体肥料，每1～2个月放1次或每1～2周施1次液体肥料。用淡薄的复合肥液作叶面施肥效果更明显。小苗更应勤施肥，才能生长得快。但是，肥料施用过量会有害，可使根腐烂及植株衰弱。发育期内施肥过量、生长休止期施肥都会引致根腐，所以要特别注意。施肥量宁少勿多，以淡薄肥为主。

另外，卡特兰属品种体质健壮，生长容易，在我国处于亚热带的一些地区，只要稍加一些简易设备，就可进行栽培。

(4) 换盆与分株(图2-4-4)

栽种2～3年的卡特兰，植株逐渐长大，原来的花盆已无法容

图2-4-4　碎盆换盆法

1.用竹筷使根部脱离盆壁
2.将植株从盆中拔出
3
清理植株切除腐根
*切忌折断根系
留出浇水的空间
4
留出新芽生长的空间
加入复合基质
底部放入排水用的材料
5
新芽生长的部位应刚好在栽培材料的表面或稍向下一点
材料要填实，以植株用手轻拔不起为度
上层为较小的颗粒
下层为较粗大的材料
放置在不见阳光的明亮处(早上可适度光照)
在生根之前
不要浇水
但要保持一定的湿度，经常在周围或叶面上喷雾，以植株不干为原则。待新芽和新根长至2～3厘米时再正式浇水
或者用透明保鲜袋罩住植株，具有保温，保湿的效果，加快其生根
栽植后用柱子把植株固定，防风吹倒
6
湿度80%左右
25℃
20℃
温度保持在20℃～25℃

图2-4-4 常规换盆法

纳拥挤的植株和根系，盆内的栽培材料大部分腐朽，发生酸败，不具营养，已失去良好的培养条件，这时应当及时换盆和分株。一般最好在新芽刚刚长出的时候或花后进行，换盆的时间同所用的栽培材料有很大关系。用水苔作填充材料，需每隔两年换盆一次；如用蕨根、树皮或椰壳作填充材料，则可保持三四年而不必换盆。如生长过盛，株数倍增，挤出盆外，可换较大的新盆才能满足其生长条件。实际上，换盆要以基质的腐朽情况而定，因为酸化会影响新根的发育，并使植株生长力减弱。

(5) 繁殖(图 2–4–5)

卡特兰以分株为其主要繁殖方法，但分株并不是每年都要做，一般是在换盆时一起进行。通常先将植株从盆中扣出，去掉根系

图 2–4–5 分株繁殖

图 2–4–6　病害防治

中的旧植株，露出根系，操作时要小心，不可伤及根。生长过旺的植株，可切除底部部分腐根和假鳞茎，将较大的植株剪开，使分离后的每丛最少有3个假鳞茎并带有新芽。如分剪过小，对新株的恢复生长和开花有影响。所用的剪刀一定要用高锰酸钾800～1000倍液或百菌清800倍液消毒，切不可用手折断。整理好的新株栽植在新盆中，根系要均匀分散在基质中，盆下部放入大颗粒的材料，上部放小颗粒的材料。盆面中间稍高起，同时注意使新芽向着花盆沿，并留出2～3年生长的空间。栽种后的2～3周宜放在半阴、潮湿的地方，不时向叶面少量喷水，保持叶片及假鳞茎不干缩，根部不浇水也不施肥，一般在新根长出2～3厘米时才开始浇水。

(6) 病虫害防治(图2-4-6)

(二)卡特兰属的近缘属

1. 蕾丽兰属 *Laelia*

为附生类，是与卡特兰属极为相似的气生兰。目前所栽培品种存在大量卡特兰和蕾丽兰属间杂交种，很难区分哪株是卡特兰，哪株是蕾丽兰属。蕾丽兰的原生种最明显的区别在于本属每朵花有8个花粉块，而卡特兰只有4个，花期较卡特兰稍短。全属约有50种，分布于热带和亚热带的美洲地区，多生于密林中树上或湿石壁上。蕾丽兰有假鳞茎，其形状各异，有圆形、卵圆形、纺锤形等，长度最大的可达25厘米。顶端有叶1～2枚，叶革质，长椭圆形至披针形，有光泽，质厚。花茎由假鳞茎顶端抽出，花单朵至多朵，花大而美，色泽丰富。花期多在秋末至冬初，也有春夏季开花的品种。

其栽培管理同卡特兰相似，但蕾丽兰较耐寒，喜半阴、潮湿的环境。越冬的最低温度为10℃。

2. 巴拉索兰属 *Brassavola*

附生兰。全属约有15种，产于中美洲、南美洲热带和亚热带地区，多生于雨林中树上或石壁上。鳞茎小，叶为棒状，质厚多汁。花茎从假球茎中抽出，有花1至数朵，花色淡绿带黄，有香气，在夜间开放。能与多数兰花交配成为新的杂交种。花期全年。

中、高温温室栽培，栽培容易，与卡特兰相同。喜阳光，多数种无休眠期。

3．树兰属 *Epidendrum*

又称柱瓣兰属。附生或地生兰。全属约1000种，是兰科的最大属之一，产于美洲热带和亚热带地区。茎形态变化较大，有的呈假鳞茎，有的呈芦苇状的直立茎，花茎生于茎顶端，花多朵，花形富于变化。花期夏秋季。

中、高温温室栽培，喜高湿高温环境，阳光充足和湿度高是其开花的条件，太荫蔽的环境生长常只长叶而不开花。基质以碎砖、树皮、蕨根为好，也可加腐叶土栽培，通风透气是其生长良好的关键。

4．巴克兰属 *Barkeria*

附生兰。常把该属归到树兰属中。产于美洲热带地区。高温温室栽培，有较长休眠期，休眠过后进入花期，冬春开花。喜阳光，其它栽培管理同卡特兰相似。

5．贞兰属 *Sophronitis*

又称索夫兰、丑角兰属。附生兰。全属只有7种，分布于中、南美洲热带地区。中、高温类洋兰，喜半阴和潮湿环境，栽培基质宜用树蕨根、水苔、碎砖或树皮相拌制成。盆栽时盆面最好铺上水苔，以保持潮湿。花期秋冬季。

表2　卡特兰栽培管理表（全年）

月份	1	2	3	4	5	6	7	8	9	10	11	12
浇水	较少			较多		多			较多		较少	
光照	全日照			遮光30%		遮光50%			遮光30%		全日照	
施肥			营养肥					开花肥				
花期	盛花期		晚花期						早花期		盛花期	

注：营养肥的氮磷钾比例为3：2：2，再加一些微量元素；开花肥的氮磷钾比例为2：3：3

(三)兜兰属 *Paphiopedilum*

1. 兜兰的分布及生长环境（图3–1）

因唇瓣形花似兜状而得名，又因形状似爱神维纳斯(Venas)所穿的鞋，故另名拖鞋兰。是世界栽培最早且最普及的热带兰之一，

图3–1 兜兰的生境

与卡特兰齐名。兜兰是生长在热带、亚热带林下的多年生草本植物，多数为地生种，生长在林下的腐殖土上，少数为附生或半附生种。全属约有65个左右的野生种，主要分布在我国西南部、喜马拉雅山延伸至亚洲的西部和印度尼西亚至新几内亚的广大地区。我国约有十多种，主要分布在西南各省区。我国的有些原生种早在上个世纪已被引入欧洲，成为现代兜兰品种的杂交亲本，并产生许多人工杂交种。兜兰在世界范围内有大量的爱好者和专业经营家。在商业栽培中，以盆花为主，有少量的切花。

2．形态特征

(1) 叶

基生，多枚，2列，较长，中脉明显，叶质较厚；叶形大小因种而异，狭椭圆形或近带状；有绿叶和花叶之分，花叶种为兜兰特有的种，叶面上有大理石样花纹或淡色斑点。

(2) 茎

较短，没有明显的假鳞茎，叶在根部处长出。

(3) 根

大部分地生，小部分附生，比其他洋兰的根少且细，有绵毛，须根多棕色，根部不断深入腐殖土或腐木中吸收养料及水分来维持生存。

(4) 花(图3–2–4)

兜兰的花不如卡特兰那样华丽，比较雅致，色彩较稳重，变化不大，有白、浅绿、黄、粉红、紫红、红褐等，带有不同粗细的墨褐色条纹和斑点。花形极为神奇，花瓣有特殊的变化，唇瓣囊状，似女士的拖鞋。萼片特别大，背萼发达，呈扁圆形或倒心形。花大部分单生或2～3朵，花茎高于叶。花的寿命很长，有的种在高温环境中可开放1个半月，并且一年四季都有开花的种类。

3．生长条件(图3–3)

(1) 温度(图3–3–1)

一般来说凉爽型兜兰的抗寒能力不如我国的春兰和蕙兰，但比其他洋兰耐寒耐热，在摄氏5℃的低温亦不致立即枯死。若冬

千万不能让瘦弱的兰花开花。花蕾过多，应适当剪除，留最健壮的一二枝，否则对来年开花不利
最好是在将要开花时把花茎剪下进行插花
应及时用棍子支撑花茎
成熟的水果会释放出乙烯，如放在兰花下，会导致花蕾过早脱落

图 3-2-4　兜兰的花

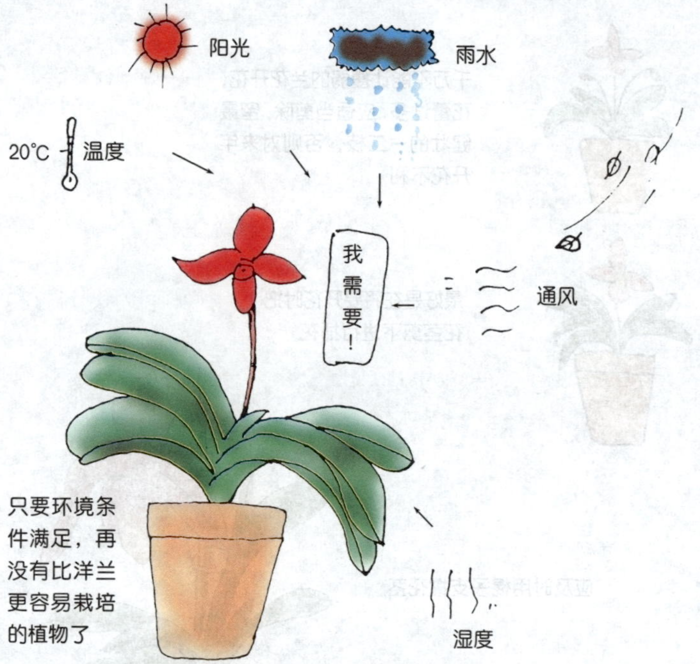

图 3–3 兜兰的生长条件

季温度经常在1℃～2℃，叶片会枯萎脱落，最终死亡；若冬季温度在20℃以上，很难形成花芽，还易出现腐烂病；若保持在10℃～15℃，叶片有光泽，植株生长良好，可在1～2月份开花，2月份可换盆分株。在夏天温度30℃以上，茎上亦不出现皱纹。但在高温或低温时施用过多肥料，会导致根部腐败，株势衰弱。总之，全年温度在10℃～30℃之间，其生长良好。

(2) 湿度(图 3–3–2)

兜兰没有假鳞茎，因此应经常保持基质湿润，周围的环境有较高的空气湿度；春夏的生长期间要多浇水，秋天萌花芽时，应节制浇水，冬季花后的休眠期至新芽长出时要少浇水，让基质偏干。在生长较快的春季，要经常向叶面喷水，以补充新根吸水不足，能促进新芽生长。在温室栽培最好有喷水设备，并在周围种

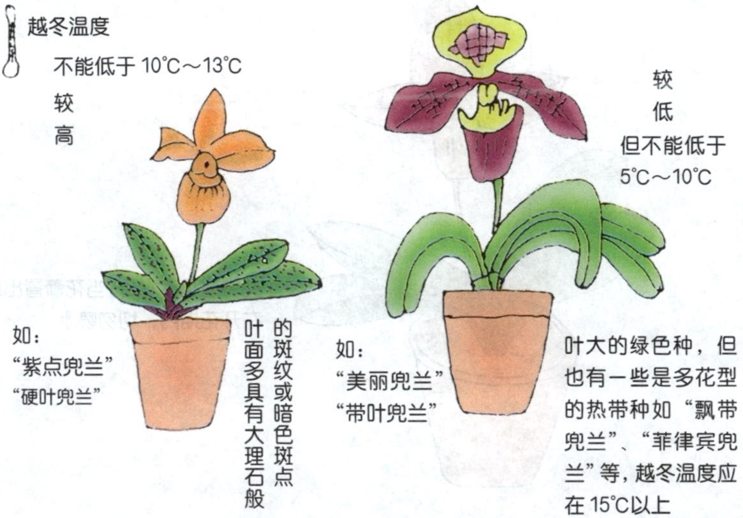

图 3–3–1 温度控制

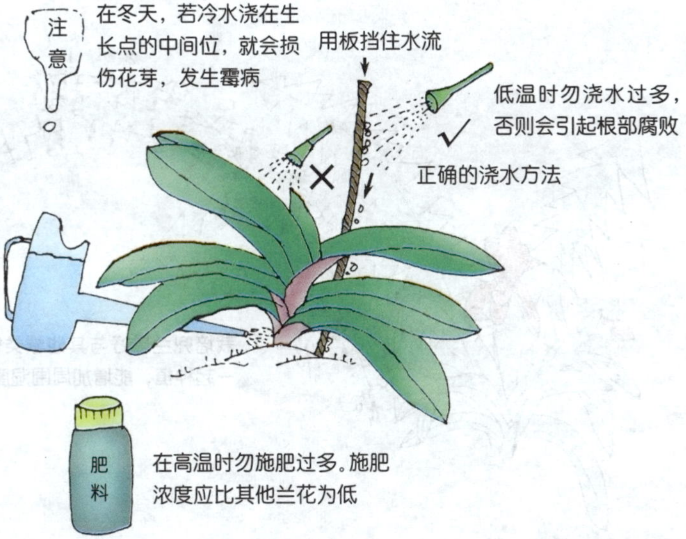

图 3–3–2 增湿——浇水

图 3–3–2　增湿——浇水

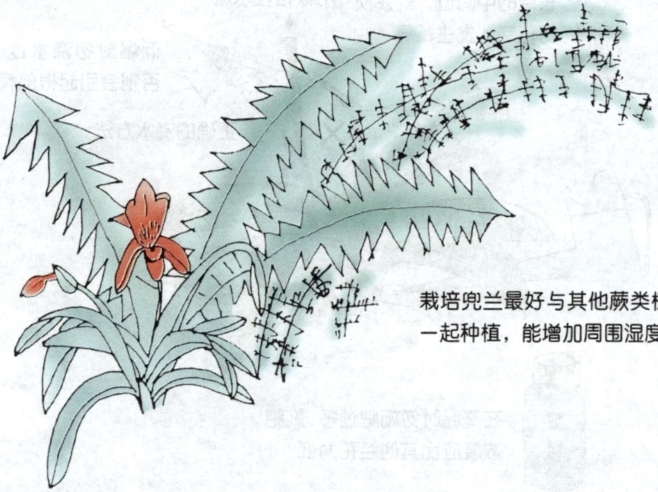

图 3–3–2　增湿——种蕨

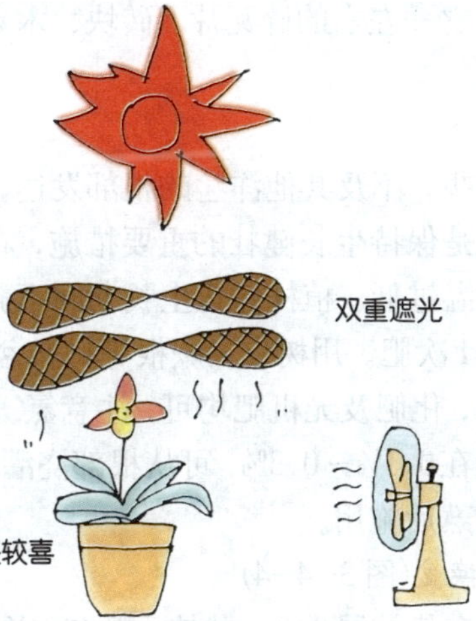

图 3–3–3 光 照

些阴性植物增加湿度。空气湿度一般应保持 70%～80%。

(3) 光照(图 3–3–3)

在洋兰系列中，兜兰是属较喜阴的种类。在原产地，多生存在凉爽阴暗的树林下，不喜欢强光，全年都在弱光下生长。在温室内栽培时，夏季遮光 50%，使用双重遮光设备。春季及秋季为单重遮光。冬季不用遮光，适当多照阳光。夏季的管理工作较难，要防止高温强光，要放置在有微弱阳光的通风场所，晚间要凉快。

4．栽培管理

(1) 栽培方式

盆栽。可用不同型号的瓦盆及塑料盆等。叶片较短，植株较小，宜用直径 10～12 厘米的花盆栽培；植株较大，需选用较大的花盆。另外，附生性较强如飘带兜兰，最好选用四周及底部多孔的特制花盆。

(2) 盆栽基质

可用腐叶土、泥炭土、水苔、蕨根、树皮块和砖块等。地生类兜兰用腐叶土及泥炭土等混合作为盆栽材料；附生性强的兜兰要用排水、透气好的蕨根、树皮块和水苔等栽培材料。在盆栽时，盆下部先填四分之一左右的碎瓦片、砖块、木炭等块状物，以利盆土排水、透气。

(3) 施肥

兜兰的根系少，不及其他洋兰的根部发达，且有假鳞茎贮存养分，适当施肥是保持生长健壮的重要措施，在施肥时，一定要薄肥。除冬季气温过低、植株停止生长期间不施肥外，其余时间应每2周左右施1次肥。用树皮、蕨根等材料盆栽，要5~7天结合灌水施一次肥，化肥及无机肥均可，注意氮、磷、钾配合施用，施肥浓度应控制在0.1%~0.3%，可从根部浇灌也可从叶面喷施，有机肥必须在腐熟后施用。

(4) 分株、换盆(图3-4-4)

兜兰的植株向横扩展生长。栽植后数年，兰株增大，待有6个以上叶丛时可以分株，一般在花期后短暂的休眠期内进行，如冬季保温设备良好，由冬季至早春，或秋季都可以分株繁殖，分株与换盆可同时进行，用水苔栽培时，需每2年换盆1次；培养土、蕨根、树皮等可数年换盆1次，在此期间，如植株过大，可换大一点的盆。分株时，先将植株从盆中倒出，轻轻地将根部附着的水苔、培养土等去掉，并除去腐败的旧根，然后用利刀将自然丛落连接处切开，二三芽为一株，兜兰的根系较少且小，切不可弄伤新芽及根，否则会影响发育。定植6周后，待长得较为健壮时，结合浇水可施用稀薄液肥。

表3　兜兰全年栽培管理表

<table>
<tr><td>月份</td><td>1</td><td>2</td><td>3</td><td>4</td><td>5</td><td>6</td><td>7</td><td>8</td><td>9</td><td>10</td><td>11</td><td>12</td></tr>
<tr><td>浇水</td><td colspan="3">较少</td><td colspan="2">较多</td><td colspan="4">多</td><td colspan="2">较多</td><td>较少</td></tr>
<tr><td>光照</td><td colspan="4">全日照</td><td colspan="2">遮光60%</td><td colspan="3">遮光80%</td><td colspan="2">遮光60%</td><td>全日照</td></tr>
<tr><td>施肥</td><td colspan="2">开花肥</td><td colspan="3"></td><td colspan="6">营养肥</td><td>开花肥</td></tr>
<tr><td>花期</td><td colspan="2">早花期</td><td colspan="4">盛花期</td><td colspan="3">晚花期</td><td colspan="3"></td></tr>
</table>

图 3–4–4　分株与换盆

（四）石斛属 *Dendrobium*

1. 石斛的分布及生境(图 4–1)

附生。附生于高山的树上或岩石上，多年生草本。是兰科中种类数量最多的一种，约有1600多原生种，连混合杂交种在内共约有7000多种。主要分布于亚洲的热带和太平洋岛屿，东亚、东南亚及澳大利亚等地区。产于我国的原生种约有60多种，北自秦岭、淮河以南，南至海南岛南部的崖县，大多数种类集中分布于云南、广西、贵州和台湾等省。我国文献记载石斛已有1500年以上的历史，远在半世纪前成书的《神农本草经》中就有对石斛的描述，又名“金钗”，是我国的名贵中药。其属名由dendro（树）与bios（生长）二词组成，即指这类兰花生长于树上之意。与卡特兰、蝴蝶兰、万代兰并列为观赏价值最高的四大观赏兰类，在

图 4-1　石斛的生境

国际花卉市场上占有重要的地位。尤其近代经杂交育种培育出来的切花和盆栽用的优良品种，其欣赏价值更高。目前泰国已成为石斛切花最大的出口国，泰国的商品兰花主要为石斛类，占到商品切花的92%，畅销20多个国家。据了解，石斛的切花在兰花市场上占有较大的比例，近些年来呈迅速上升趋势。现在栽培的原生种大多数属我国品种，种类可居第二位。这类石斛花色华丽夺目，人见人爱，有很大魅力。

2．形态特征(图4–2)

石斛属分布广，种类多，各种生态环境差异较大，其外形特征变化十分丰富，一般可分为两大类，即花生于茎节间的节生花

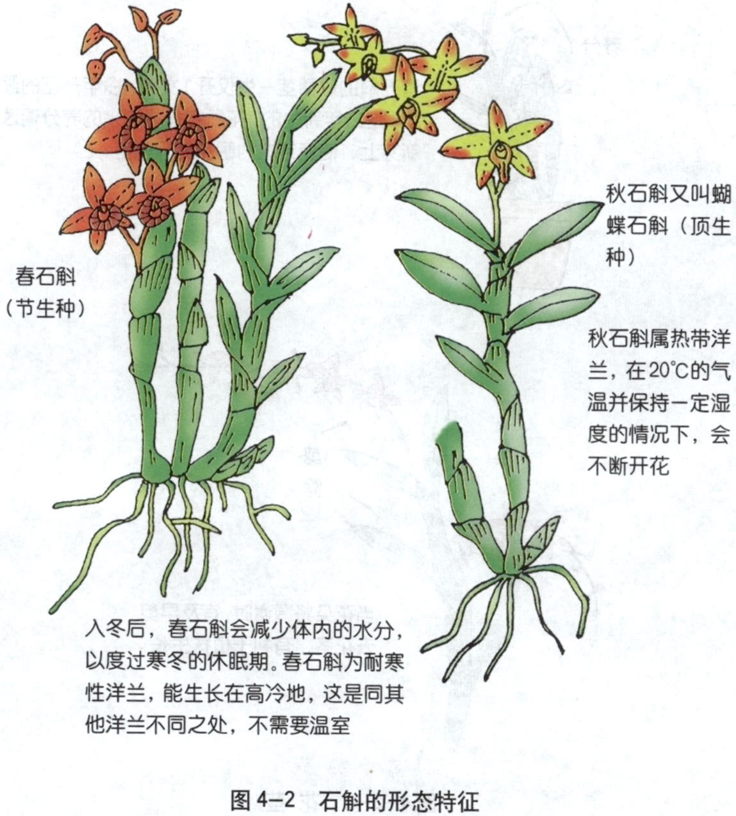

图4–2　石斛的形态特征

落叶类石斛和整个花序生于茎顶部的顶生花常绿类石斛。但在园艺上，石斛类品种一般以其开花期划分为春石斛和秋石斛两大系。春石斛一般作为盆花栽植，而秋石斛则多作切花。

(1) 叶

叶狭披针形或椭圆形，多为互生或对生，有光泽，暗绿色。生长满一年的落叶类石斛，初冬开始落叶变秃，只存假鳞茎；而常绿类石斛无明显的休眠期，叶片可维持数年不脱落。

(2) 茎(图 4-2-2)

假鳞茎丛生，圆柱形，多节似甘蔗，有光泽，内部贮藏有充足的水分，能抗干旱，茎长因种而异。生长期间开始从基部长出

图 4-2-2 花 茎

新芽，当年生长为成熟的新假鳞茎。落叶类石斛通常在前一年生长的假鳞茎节上抽出花序，花后的老茎会逐渐皱缩，一般不再开花。而常绿类石斛的花序常从假鳞茎的顶部及附近的节上抽出，有时一个假鳞茎可连续数年开花。另外，石斛的药用成分在茎部，老茎可剪取用来泡茶喝，并促使新株旺盛。前人有诗咏石斛云："石斛盆养最清华，青翠年年灿夏花。赏物另添闲逸趣，剪茎自煮益津茶。"

(3) 根

石斛属附生兰，根为气根，特别发达，同卡特兰的根相似，但石斛的根只有卡特兰的1/3粗。

(4) 花（图4-2-2）

石斛花色丰富多彩，以黄、紫红为主，花大而美丽且耐久；四季开花，以夏季为主，许多品种有微香，是一种重要且流行的切花。落叶种类通常在假鳞茎节上抽出花序，2～5朵成一束；常绿种类常从茎顶部及靠近顶部的节上抽出花序，3至10余朵成一串。普通花期约半个月，改良种花期可长达一个月。早花种在每年一月至二月开花，迟花种在三月至五月开花，开花最盛期在每年的三月。

3．生长条件

(1) 温度(图4-3-1)

石斛属喜高温、高湿的环境。落叶类越冬的温度夜间可低至10℃左右，在寒冷时期，只要不降霜，就不致枯死；常绿类不可低于15℃。另外，石斛属对于日夜温差比较敏感，最好应保持10℃～15℃温差。温差过小，如4℃～5℃，即无法使枝叶茂盛。但有一点要注意，在寒冬的低温状态下，不能立即移入20℃的温室内，因为落叶类需有一段低温春化期，如温度突然升高，则越冬后花芽不能生长。

(2) 湿度(图4-3-2)

石斛耐旱力强，其肉质叶和膨大的鳞茎能吸收贮藏大量水分，即使在一个月内滴水不浇，也能吸收空气中的微量水分。但石斛在其新芽开始萌发至新根形成时期比较娇气，既需要充足的水分，

短暂的低温有助于春石斛的花芽分化（10℃左右或更低点）。分化后要放入平均15℃的温室内，若温度低于15℃会推迟开花期

图 4–3–1　温度控制

秋石斛开花期间宜每隔 5~7 天浇水一次

图 4–3–2　湿度控制

又怕过于潮湿，这时期气温不太高，过于潮湿会引起腐烂。旺盛生长季节，也往往是雨季，注意盆中不要积水。如遇天晴干燥，应适时在兰花四周喷水，以保持较高湿度。落叶种类冬季可适当干燥，少浇水，为使盆栽材料不过分干燥，空气湿度不应太低。常绿种类冬季只要温度高，则仍需保持充足的水分。若温室温度低，可适当少浇水，但盆栽材料仍需保持湿润。全年的空气湿度70%。

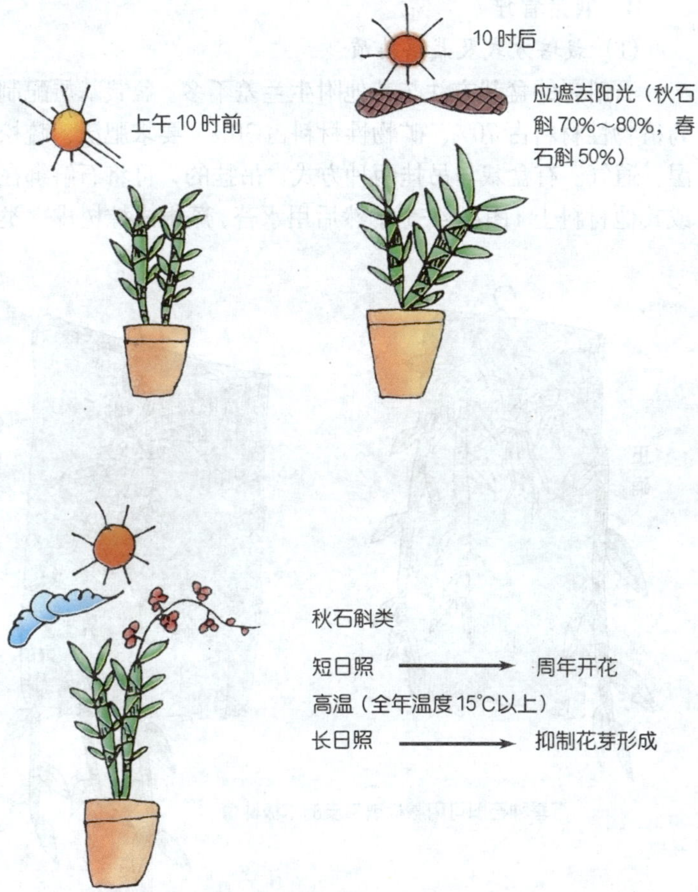

图 4–3–3　光 照

(3) 光照（图4-3-3）

石斛属虽然在野生时是附生在森林中的树干或岩石上，但也喜欢一定的阳光。在栽培中若能在上午10时前有直射阳光，其余时间遮光即较好。春夏为旺盛生长期，新芽生长迅速，光照可少些，应注意适当的遮荫；秋季新芽日渐成熟，生长速度减慢，这时可增加较多光照；冬季休眠期，喜光线强些。一般石斛在明亮的半阴处都生长良好。

4．栽培管理

(1) 栽培方式及栽培基质

石斛属的盆栽方法与其他附生兰差不多。盆栽基质配制比例为植物性材料占70%、矿物性材料占30%，要求肥沃、疏松、保湿、通气。有盆栽与吊挂两种方式，吊挂的，可将石斛绑在木板或其他材料上（图4-4-1），然后用水苔、蕨根或棕树皮之类作填

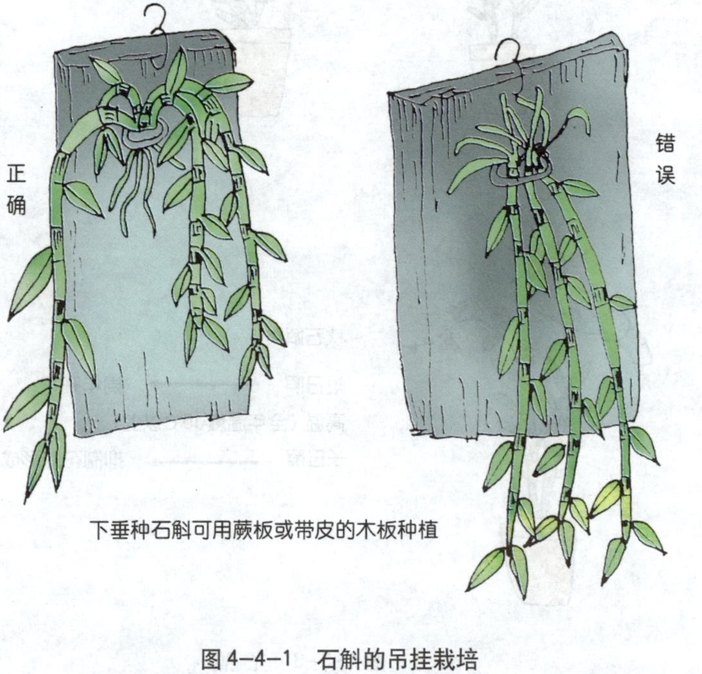

图4-4-1　石斛的吊挂栽培

充物，包裹石斛根，塞紧缝隙，使其紧贴在附着材料上，但不可伤根，保持湿润而不滴水；盆栽可用四壁多孔的花盆，视苗的大小，选用不同规格的花盆，宁小勿大。在种植前必须将盆清洗干净，并在水中浸泡1天以上备用。种植时盆底先放较大的砖块（直径2~3厘米），然后加碎砖及木炭块（直径1~1.5厘米）至盆的2/3处。植株的新芽放在盆中央，另插一小竹竿以支持固定，再将混有碎蕨根的碎砖块（直径小于1厘米）放在植株周围，并在盆边轻轻压紧至苗不再松动为止。栽植时注意不要伤及新芽和新根。植株要注意扶持。

（2）施肥(图4-4-2)

在幼苗期，宜施含氮量较高的稀薄肥料，每周施1次。生长期

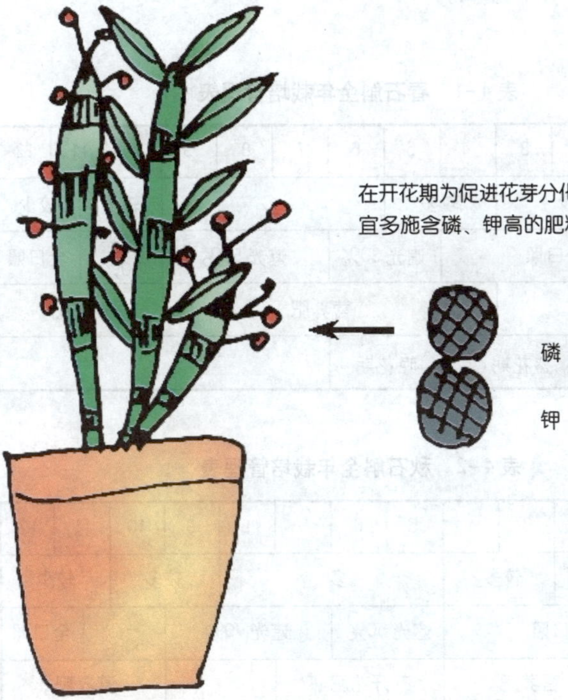

图4-4-2 施 肥

间可以用氮磷钾的复合化肥向叶面喷洒或根部施用，浓度为0.1%。也可以施用经过腐熟的各种液体有机肥，但不可太浓，每周施1次追肥。落叶种类冬季休眠期停止施肥，常绿种类冬季需高温，仍在继续生长，还要施肥。若温度低，处于强迫休眠的，也应停止施肥。

(3) 分株及换盆

石斛的繁殖以分株为主。分株与换盆同时结合进行，一般栽培2年以上的盆株根系过满，盆栽材料已腐烂，应及时换盆。换盆时，首先将植株从盆中倒出，细心去掉旧的栽培基质，将腐烂的老根剪掉，将老丛分切开，需保持3～5枝假鳞茎（包括新芽）为一簇，分栽在各盆中。分株有利于生长开花。

(4) 繁殖(图4-4-4)

表4-1　春石斛全年栽培管理表

月份	1	2	3	4	5	6	7	8	9	10	11	12
浇水	较少			较多		多				较多	较少	
光照	全日照				遮光30%		遮光50%			遮光30%	全日照	
施肥				营养肥						开花肥		
花期	早花期	盛花期			晚花期							

表4-2　秋石斛全年栽培管理表

月份	1	2	3	4	5	6	7	8	9	10	11	12
浇水	较少		较多		多				较多		较少	
光照	全日照				遮光50%		遮光70%			遮光50%	全日照	
施肥		营养肥			开花肥					营养肥		
花期				早花期		盛花期				晚花期		

选取未开花、生长充实的假鳞茎
把假鳞茎切成2～3节为一段的茎段
把茎段插入苔藓中，一半露在外面，放在半阴、湿润及温度较高的环境中
石斛兰的顶端常生长出小植株，这时也可利用小植株进行繁殖

图 4-4-4　石斛的繁殖

（五）兰属——大花蕙兰 *Cymbidium*

1．分布与生境(图 5−1)

又称虎头兰、东亚兰、西姆比兰，是指兰属植物中一部分大花附生种类，多年生草本。常见栽培及作杂交亲本的大花蕙兰主要分布在我国西南部和印度、缅甸、尼泊尔、泰国及越南等国的北部低纬度高海拔地区，少数分布在海南和广东省。原生大花蕙兰大多数生长在森林中，寄生于大树的枝干上，或生于幽谷悬岩峭壁上及溪旁岩石上。目前世界各地栽培的商品大花蕙兰大多为人工杂交培育出来的优良品种，如：虎头兰、黄蝉兰、象牙白花兰、多花兰等多代杂交种，虽然品种繁多，品系复杂，但都是在同属间杂交的范围内，与其他属的异属杂交极少见。这些杂交品种具有花大、花形规整丰满、色泽鲜艳、花茎直立、花期长、栽培容易、生长健壮的优点。我国多数地区栽培的多为直接或间接来自于野外的原生种类，尚未经人工杂交改良，野生性状比较强，观赏效果较差。

2．形态特征

(1) 叶

叶丛生，线形，革质，有光泽，绿色。

(2) 茎

有假鳞茎，大小随品种不同而异，大的茎如成人的拳头般，形状有球形或卵形。叶从茎部生出，2年以后，随叶及根的老化而枯死，花芽或新株芽从茎的基部长出。

(3) 根

新根从春至初夏生长，根粗壮，呈白色且有弹性，根断可以再生，根的生命期约 2 年，枯腐时由茶色变成黑色，破烂不堪。

(4) 花(图 5−2−4)

大花蕙兰的基部抽出花梗，花梗粗壮高大，可抽出约 10～20 朵花的总状花序，有些品种 1 梗花可达近百朵，花朵硕大，直径 10～13 厘米，花型规整，颜色鲜艳，有黄色、白色、绿色和粉红色，杂交品种更是异彩纷呈。大花蕙兰夏季花芽开始分化，8 月

图 5–1　大花蕙兰的生境

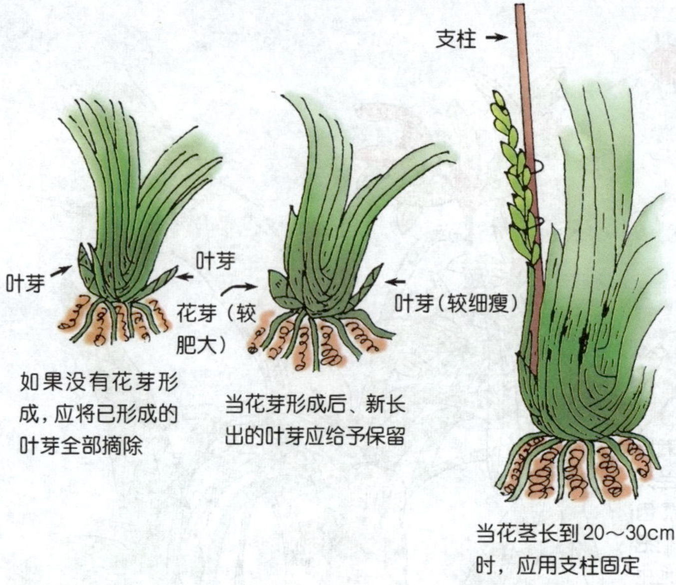

图 5-2-4　大花蕙兰的花

以后陆续抽出花芽，开花从 11 月至翌年 5 月，前后共有 5～6 个月，单串花可维持50～80天之久。多数原生种及少数杂交种具有芳香，是一种深受人们的喜爱且广泛流行的商品切花。

3．生长条件

(1) 温度(图 5-3-1)

大花蕙兰是洋兰中最能耐受低温的一种，属于偏低温种类，富有耐寒力，但在家庭栽培中其最低温不能低于 3℃，最高温度可达 30℃。如温度过低或过高，会影响植株及花芽的生长。当夏季气温达35℃时，花芽会因炎热而黄化枯萎，冬季需在保持7℃～12℃的温室内越冬。大花蕙兰喜较大的日温差，白天温度高、夜间温度低对生长和花芽形成有利。最适温度为 10℃～25℃。

(2) 湿度(图 5-3-2)

大花蕙兰在蕙兰属中是比较耐干旱的，其茎部和卡特兰相同，有贮水组织，假如一个星期内停止浇水亦不会枯死。其根部常露于空气中，因此，需要较高的空气湿度。在春秋冬三季，如气候较干旱，需经常在大花蕙兰周围如地面、台架、墙壁及植株上喷水，每日1次。冬季和开花后1～2月是休眠期，应少浇水。春夏季旺盛生长，不可干燥，要多浇水，否则影响生长。浇水多少应依据栽培材料的干燥程度来定，待干再浇。空气湿度保持在40%以上。

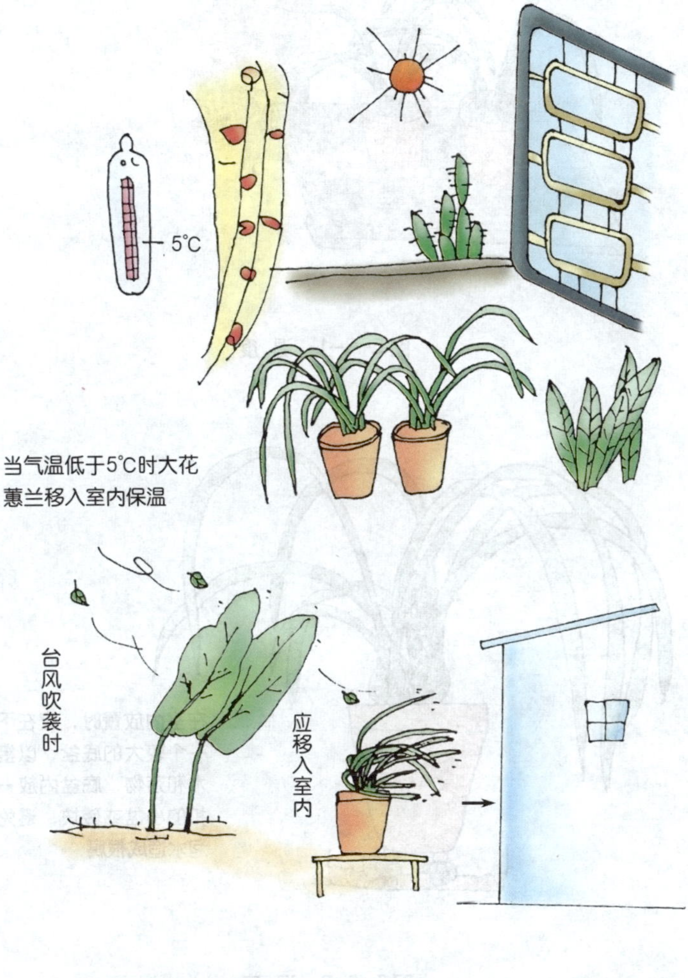

图5–3–1 温 度

图 5–3–1　温 度

图 5–3–2　湿 度

图5—3—2 保 湿

(3) 光照

大花蕙兰较中国兰稍喜光照，但不能放在阳光下直晒，如遇强光照射时， 叶面会变成黄色。在炎热的夏季，需用遮阳网等遮光30%；秋冬季要给予充足的阳光，以有利于花芽的形成和发育。盆栽或地栽，株距之间应以叶片互不遮挡为度，这样可使每一片叶片都能接受阳光进行光合作用，而且通风良好，使植株充分生长。

4. 栽培管理

(1) 栽培方式

大花蕙兰类属于附生兰,野生时靠根附着树干或岩石上生长,因此栽培大花蕙兰不同于一般花卉和地生兰,不能用土或少用土栽种。盆栽所用的花盆需盆壁多孔,盆体宜窄不宜宽,宜深不宜浅,透气性要好。花盆窄而小,迫使众多的假鳞茎紧紧挤在一起,没有多余的空间供新芽营养生长,加上进行抹芽工作,就为花芽的形成提供了有利条件。抹芽是将假鳞茎基部新生的叶芽抹去。大花蕙兰的假鳞茎一般都含有4个以上的潜伏芽,一到春季,根茎部位的潜伏芽就会萌发,生出1~2个叶芽,为了不使营养分散,必须彻底抹掉新生的小叶芽和它的生长点免得残芽生长。最好每月抹芽1次,因为从春到秋都有新芽冒出,待新芽冒出尖或刚开嘴时就抹掉,这样才能集中营养壮大母鳞茎。

(2) 栽培基质

盆栽基质可用苔藓、蕨根、树皮块、木炭、棕树皮、椰壳、碎砖、瓦片、砂砾等,种栽时先把兰苗放盆中,然后用盆栽材料填充。也可将大花蕙兰的根系捆在带树皮的木段上,新根绕在树皮上生长,同样能生长良好。

(3) 施肥

在洋兰中,大花蕙兰是最需要肥料的品种,如肥料不足时叶部变黄并掉落,花细小。若在生长期每隔半月,用磷酸二氢钾与尿素0.5:1的1000倍溶液喷洒叶片,会有利于其生长和开花;也可将发酵过的固体有机肥,在春季时放在盆面上,让肥料慢慢地被吸收利用,每年可施2次;还可以在旺盛生长的春夏两季,每2~3周施用1次发酵好的液体肥料。

(4) 换盆及分株(图5-4-4)

通常在开花后进行换盆及分株。温室条件下培养的大花蕙兰可在二、三月进行,如在室外,可在三、四月进行。大花蕙兰的根系粗壮,根深蒂固,分株换盆较难,根部容易伤断,因此要小心处理。分株时,用剪刀把植株按二茎或三茎为一新株进行分开,

图 5–4–4　换 盆

同时把落叶的旧茎除去，有利促使潜芽生长。新栽的兰苗放在半阴、湿度高的地方，根部不浇水，时常向叶面喷水，移栽成活后再给它浇水施肥。

表5　大花蕙兰全年栽培管理表

月份	1	2	3	4	5	6	7	8	9	10	11	12
浇水	较少				较多		多			较多		较少
光照	全日照				遮光50%		遮光70%			遮光50%	全日照	
施肥				营养肥					开花肥			
花期	盛花期		晚花期							早花期		

(六)蝴蝶兰属 *Phalaenopsis*

1. 蝴蝶兰分布与生境(图6-1)

又名蝶兰，因其花形美丽，犹如彩蝶飞舞，故而得名。为多年生常绿草本植物，生命期约15年。蝴蝶兰分布于热带亚洲及新几内亚、澳大利亚北部，包括印度、缅甸、菲律宾、马来西亚、印度尼西亚及我国云南、台湾、海南等省。其中马来西亚和印度群岛是该属植物的分化中心，菲律宾分布的原生种最多。全属在35～55种以上，属间及种间的杂交种极多，品系较为复杂，经常有新品种问世。

目前的改良种及作为商品生产的蝴蝶兰，是经多年数代杂交培育的优良品系，它们多为大花型或多花型的品种。蝴蝶兰因其花形优美、鲜艳、花期长而成为兰科植物中栽培最广泛、最普及的种类之一。深受人们欢迎的盆花和切花，是热带兰中的珍品，有“兰中皇后”的美誉。在经济较发达的国家及地区是一种十分重要的室内花卉，常被用来装饰点缀家庭及办公室，在结婚场面中常被用作新娘的捧花、胸花，需求量很大。在不少国家和地区已大规模进行商品化、工厂化生产。近几年，随着我国经济的迅速发展，兰花业越来越火热，其中蝴蝶兰占很大比例。

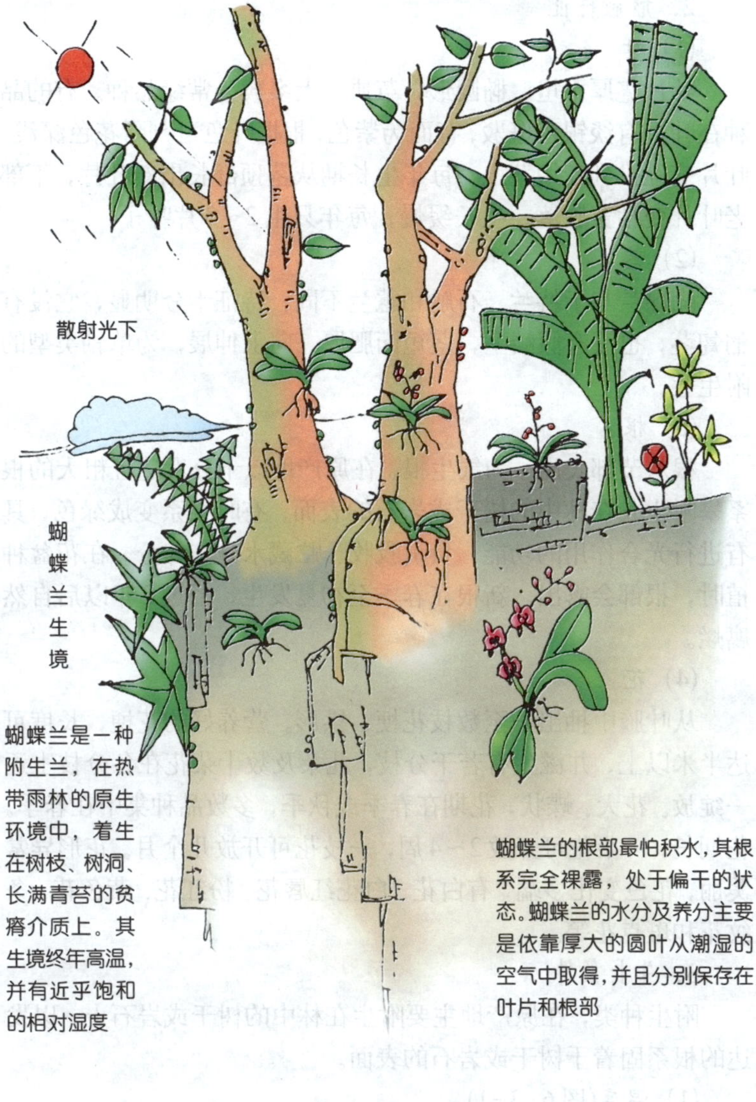

图 6–1　蝴蝶兰生境

蝴蝶兰比其他洋兰类容易栽培，初学种植兰花的人亦能顺利成功地培育出来。

2. 形态特征

(1) 叶

叶片宽厚平坦，椭圆形，革质，大多数为常绿品种。有的品种在叶上有淡银色斑驳，背面为紫色，根据叶色可判断花色深浅。叶片交互排列在短茎上，每年生长期从茎顶部长出新叶片，下部老叶片变枯黄脱落。生长缓慢，每年只生2～3片叶子。

(2) 茎

蝴蝶兰与卡特兰、石斛和蕙兰不同，特征十分明显，它没有匍匐茎，也没有假鳞茎，茎短而肥厚，向上伸展，为单轴类型的附生兰。

(3) 根

根从节部长出，为气生根，在原产地以十分发达且粗大的根系攀附生长在林中的树干或岩石的表面。有时根系变成绿色，具有进行光合作用的功能，负责吸收、贮藏水分与养分。在花盆种植时，根部会露出。新根在春季至初夏发生，经过2年以后自然腐烂。

(4) 花

从叶腋中抽出一至数枝花梗，拱形。营养好的花梗，长度可达半米以上，并滋生有若干分枝，几朵及数十朵花在各分枝上逐一绽放。花大、蝶状，花期在春季或秋季，多数品种集中在春季。花期长，一朵花可开放2～4周，一枝花可开放几个月。花形异常美丽，花色变化多端，有白花、白花红唇花、粉红花、黄色花、条纹花和斑点花等。

3. 生长条件

附生种类，在原产地主要附生在林中的树干或岩石上，以发达的根系固着于树干或岩石的表面。

(1) 温度(图6-3-1)

原生蝴蝶兰主要分布在热带低海拔地区和沿海。目前大量栽培的优良品种，主要是用原产热带地区的原种杂交培育出来的，对温度要求较高，耐寒力差，在5℃以下即会死亡，在15℃以下则停止

图 6–3–1　温度控制

图 6–3–1　保温保湿

生长，越冬温度保持在10℃以上较为安全，最适温度为白天25℃～28℃，夜间18℃～20℃。耐暑力与兜兰相同，32℃以上高温对蝴蝶兰生长不利，会促使其进入半休眠状态，影响将来的花芽分化。花芽分化需在18℃以下，分化后温度提高至20℃～25℃，此为诱发花茎生长最佳的温度。夏季气温急剧上升，这时应注意通风透气。

(2) 湿度(图 6–3–2)

蝴蝶兰喜湿度高的环境，盆栽的浇水对养好蝴蝶兰来说是十分重要的。一般来说，蝴蝶兰的根部忌积水，喜透气和干燥，如水分过多，容易引起根部腐烂。通常浇水后5～6小时盆内仍十分水湿，就会引起根败。浇水最好在每天的上午，尤其冷凉季节不适合下午喷水，下午5时后要保持叶面干燥，避免叶片和叶柄滞水过夜而引起病害或冻伤，甚至落叶。浇水时要依据盆栽材料来定，一次浇水后需植料及根稍干后再浇水，高温生长旺盛期需水多，多浇水；休眠期少浇水。如果温度低于18℃时要降低空气湿度，湿度太高引发病害。在生长期要适当给予喷雾，增加空气湿度，最好在花台上设水池，铺上卵石，把盆放在石上，不受水渍，一般来说全年均应保持70–80%的空气湿度。

(3) 光照

蝴蝶兰对阳光的要求比卡特兰、石斛阴些，原生蝴蝶兰生长

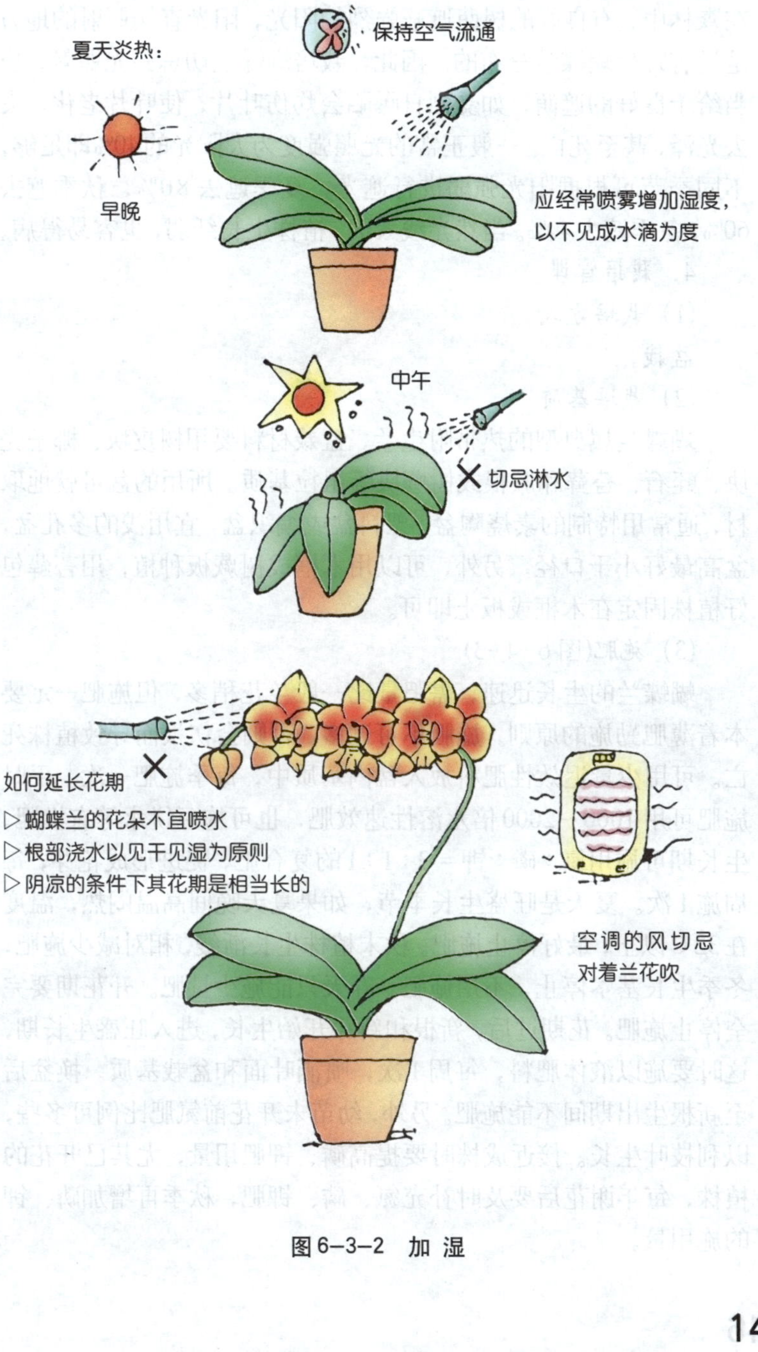

夏天炎热：
保持空气流通
早晚
应经常喷雾增加湿度，
以不见成水滴为度
中午
切忌淋水
如何延长花期
▷蝴蝶兰的花朵不宜喷水
▷根部浇水以见干见湿为原则
▷阴凉的条件下其花期是相当长的
空调的风切忌
对着兰花吹

图6–3–2 加 湿

在森林中，有良好的树荫遮蔽强烈的阳光，阳光直接照射的地方是没有野生蝴蝶兰分布的。因此，栽培蝴蝶兰切忌强光照射，应当给予良好的遮荫，如受烈日曝晒会灼伤叶片，使叶片老化，失去光泽，甚至死亡。一般正常的光照强度为太阳光的40%即足够，不同季节可根据阳光强弱进行遮光，夏季遮去80%，秋季遮去60%，冬季遮去40%。当然光线太弱，植株生长纤弱，也容易得病。

4．栽培管理

(1) 栽培方式

盆栽。

(2) 栽培基质

蝴蝶兰属典型的热带附生兰，盆栽材料要用树皮块、椰子壳块、蛭石、苔藓和蕨根或树蕨块等粗粒基质。所用的盆可就地取材，通常用特制的素烧陶盆、塑料盆或编织盆，宜用浅的多孔盆，盆高最好小于口径。另外，可以用木框或树蕨板种植，用苔藓包好植株固定在木框或板上即可。

(3) 施肥(图 6−4−3)

蝴蝶兰的生长迅速，需肥量比一般兰花稍多，但施肥一定要本着薄肥勤施的原则，施肥不可过多，否则会伤根而导致植株死亡。可用少量迟效性肥料放入盆内基质中，每季施肥一次。平时施肥可用 1000～2000 倍水溶性速效肥，也可施豆饼水等有机肥。生长期可施用氮：磷：钾＝3∶1∶1的复合肥，促进形成花芽，每周施 1 次。夏天是旺盛生长季节，如果夏天晚间高温闷热，温度在32℃以上，最好停止施肥。秋末植株生长渐缓，相对减少施肥，冬季生长基本停止，不用施肥。春天只能施少量肥。开花期要完全停止施肥。花期过后，新根和新芽开始生长，进入旺盛生长期，这时要施以液体肥料，每周 1 次，喷洒叶面和盆栽基质。换盆后至新根生出期间不能施肥。另外，幼苗未开花前氮肥比例可多些，以利枝叶生长。接近成株时要提高磷、钾肥用量，尤其已开花的植株，每年谢花后要及时补充氮、磷、钾肥，秋季再增加磷、钾的施用量。

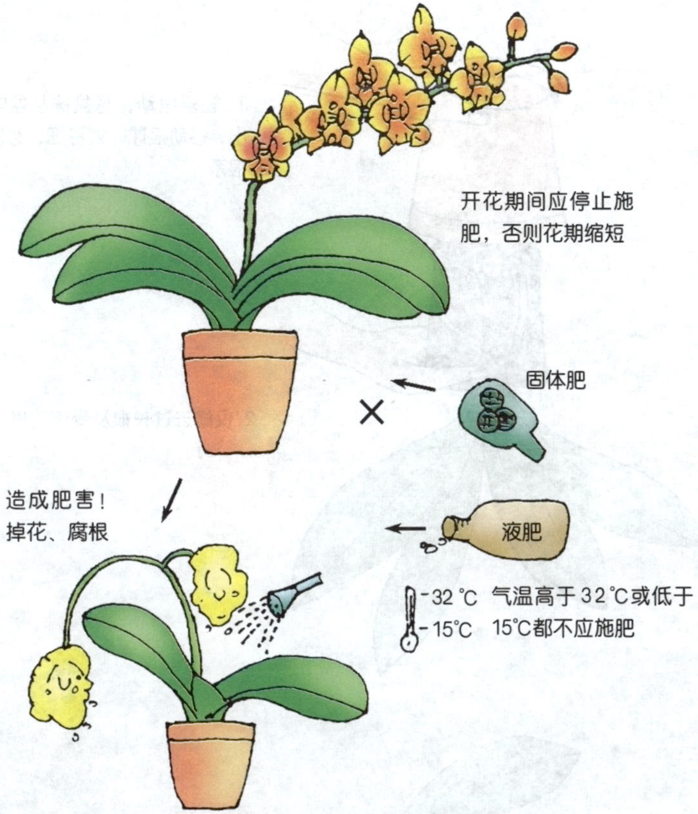

图6-4-3 施 肥

(4) 换盆(图6-4-4)

要根据所用的盆栽基质而定。换盆最好在春末夏初之间，花期刚过、新根开始生长时进行。换盆时的温度在20℃以上，温度太低植株恢复甚慢，管理稍有不当就易引起植株腐烂。冬季温度低的环境一定不能换盆。

蝴蝶兰的小苗生长很快，春天种的试管苗，至夏天就可能需要换盆了，换盆时，不必将根部的盆栽材料去掉，把它放到大一号的新盆中间，周围填上盆栽基质即可。

1. 轻轻摇动，将盆株从盆中倒出，移动根球时须仔细，勿伤及根系
2. 仅修去过长根及受伤的根
3. 根与根之间用水苔或其他基质填入隔开
4. 太长的根必须屈入
5. 修整完成。盆的大小必须与植株根幅相配

图 6–4–4　换 盆

成株的换盆先将植株轻轻从盆中扣出，用摄子将根周围的旧基质去掉，切记不可伤根。用剪刀将已枯死的老根和部分茎干剪去。再用基质将根部包起来。注意使根均匀地分散开，千万不可将几条根包在一起，栽种在盆中填好基质。

(5) 繁殖(图6-4-5)

较难分株，繁殖可用播种法和生长点组织培养法。一般多用组织培养大量繁殖。分株法在秋季进行，可在成熟的大株上剪取带2~3条气生根的苗另行栽植。余下的茎基部经过一段时间，能长出新芽而形成新株，待新株长出2~3条气生根后，春季可用分株栽培。

家庭繁殖蝴蝶兰可购试管苗或幼苗成株。带瓶邮购的试管苗到手后，首先检查培养基是否发霉变质，如果已变质而花苗尚好，

在适当的环境下蝴蝶兰可在花茎上长出高芽——小植株，如护理的好，以后可以培养成大植株

图6-4-5　蝴蝶兰繁殖

图 6-4-5　蝴蝶兰试管苗培植及移栽

应及时栽种；假如没有变质，还可再生长一段时间再栽培。植料最好用苔藓，一盆可多栽几棵。开始时不要浇大水，可少量浇水，放于弱光处，以后逐渐增加水量，一个月后可少施一些肥水，一般栽种一年半至两年就可开花。邮购不要在寒冷或酷暑季节进行。

表 6–1　春花类蝴蝶兰全年栽培管理

月份	1	2	3	4	5	6	7	8	9	10	11	12
浇水	较少		较多		多				较多			较少
光照	全日照			遮光 50%		遮光 70%			遮光 50%		全日照	
施肥			营养肥						开花肥			
花期	早花期		盛花期			晚花期						

表 6–2　夏花类蝴蝶兰全年栽培管理

月份	1	2	3	4	5	6	7	8	9	10	11	12
浇水	较少		较多		多				较多		较少	
光照	全日照			遮光 50%		遮光 70%			遮光 50%		全日照	
施肥		营养肥		开花肥					营养肥			
花期				早花期		盛花期			晚花期			

(七)蝴蝶兰属的近缘属

五唇兰属 *Doritis*

附生兰。产于印度、缅甸、泰国、马来西亚、印度尼西亚和我国云南、海南等地。中、高温温室栽培。栽培管理与蝴蝶兰相似，但较蝴蝶兰耐寒，越冬的最低温度为10℃。常与蝴蝶兰属间杂交。花期夏秋季。

(八)万代兰属 *Vanda*

1. 分布与生境(图 8–1)

又名：胡姬花、万带兰。其拉丁属名 *Vanda* 来自一种土语

图 8–1　万代兰属的生境

Vandaka，意为寄生植物，该属植物常常缠绕在树上或在岩石上生长。万代兰属广泛分布于东半球的热带和亚热带地区，自印度往东至我国南部、东南亚、新几内亚、澳大利亚、菲律宾及所罗门群岛等太平洋岛屿。该属植物全世界约有60个原生种，都为典型的附生兰，多年生草本。在我国有10余个原生种，资源丰富，主要分布在云南省等北纬20°以南的区域内。

万代兰属易于与其他近缘属杂交，品系的亲缘关系十分复杂。现今有无数的改良种是与指甲兰属、鸟舌兰属、蜘蛛兰属、火焰兰属等交配而成。该属的大多数种类花较大，花色丰富鲜艳，花期长，很有观赏价值，既可作盆花，又能作切花，是目前世界上栽培较多和最受欢迎的洋兰之一，在热带庭院中栽种管理十分简单易行。

2. 形态特征

(1) 叶

叶片在茎的两侧排成两列，通常可看到三种形态：扁平而背呈龙骨状、圆柱状、半圆柱状且在向轴面有一纵槽。叶表面有较厚的角质层，有较强的抗干旱能力，能耐强光照射。易于管理。

(2) 茎(图8–2–2)

为单轴茎的热带兰，没有假鳞茎，有明显的茎干，坚固而直立。叶生在茎的左右，其形态与蝴蝶兰相同。茎直立不断向上伸展，有的长茎会分枝、攀缘，枝条可长达120厘米。

(3) 根

为气生根，较卡特兰、石斛的根粗壮，不但能吸收水分和养料，并且支撑茎干直立向上。新根在春天从茎部生出，自由蔓延，附在其他植物或岩石上生长。新根白色，先端部分根冠为绿色，如根冠折断，生长即停止。

(4) 花

从叶腋间抽出花茎，有花10～20朵，每朵花能开2～3周，从下往上依次开放，所以每梗花可以在高温的条件下开放一个多月。花较大，色泽鲜艳，有粉红、黄、紫红、纯白色，还有其他兰花

图 8-2-2　万代兰的茎

很少见的茶褐色、天蓝色等。

万代兰的花与其他常见兰花在结构上基本相同，但各部分的大小比例相差较大。花期因品种而长短不同。在低温10℃以下越冬的万代兰，要延迟到下年春末夏初方能开花。所以如把温度提高至20℃越冬，一年可望有2次花期出现。

3．生长条件

(1) 温度(图8−3−1)

万代兰属大多分布在热带地区，喜欢高温的环境。冬季一定要在高温的温室越冬，室内温度保持在20℃～25℃最好。若室温降至5℃以下，一些热带种类会很快冻死。室温在10℃～15℃，植

图8−3−1 保 温

株处于强迫休眠状态，无生气，时间久了，叶片枯黄，根部变成黑褐色，可能会造成部分植株死亡。春天温度回升后生长仍十分缓慢，花期可能推迟。

(2) 湿度(图 8–3–2)

万代兰需要有充足的水分和较高的空气湿度，通常空气湿度保持在 70%～80% 或更高。在高温或天气太干燥时还可以向植株

冬天无温室的条件：

把万代兰套在较大的盆中，如图用透明薄膜罩住，在薄膜壁上喷少许水进行保湿，并充分接受阳光

图 8–3–2　保温保湿

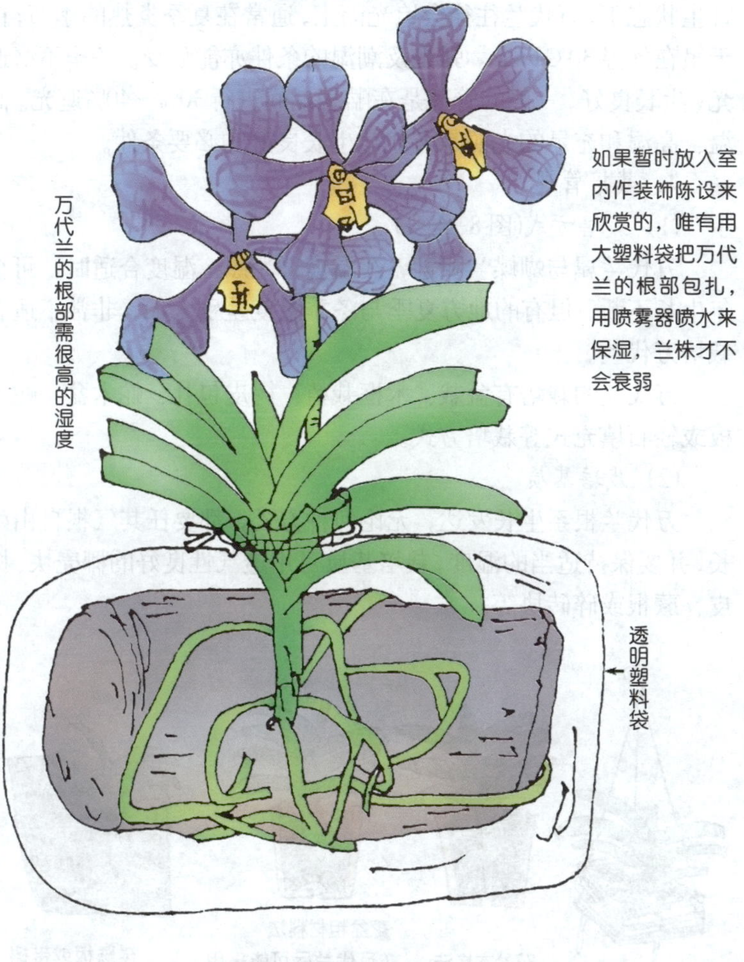

图 8–3–2 保 湿

叶面少量喷水。在冬季夜间给温室加温时，要注意同时增加空气湿度。如果放入居室内欣赏，须用大塑料袋把万代兰根部包扎起来并随时喷水保湿。

(3) 光照

万代兰同其他兰花相比，需要充足的光照，否则不开花。在野生状态下，万代兰往往会追光而上，通常在夏季炎热的季节，白天虽在气温30℃以上，强光及潮湿的条件亦能耐受。冬季不必遮光，生长良好。一般的管理是在酷暑期间进行30%～40%遮光。高温、高湿和充足的光照是万代兰生长良好的必要条件。

4. 栽培管理

(1) 栽培方式(图8-4-1)

万代兰属与蝴蝶兰相近，在温度、光照、湿度合适时，可全年生长不断。但有的地方夏季与冬季温度差别太大，非常不适合栽培万代兰。

万代兰的栽培有盆栽、木框栽植、树皮包扎、蛇木盆、蛇木板或轻石填充式等栽培方式。

(2) 栽培基质

万代兰根系生长发达，无论何种方式，都要任其气根自由生长，并要保持适当的湿度。栽培基质可用透气性良好的椰壳块、树皮、蕨根或碎砖块等。

图8-4-1 栽培方式

(3) 施肥(图8-4-3)

万代兰最需要肥料，若生长期缺肥，生长显著减慢，植株纤弱。可用0.1%左右的复合化肥液向叶面喷洒或根际施肥，每周施

图 8–4–3　施 肥

1次。也可用加水发酵后的有机肥，加水稀释后向根际施用。万代兰的栽培基质透水性好，肥料容易与水一同流走，所以施肥次数较多，要视其生长状况而定。另外，亦可购买专用于根部的复合肥粒，在盆面放上几粒供根部慢慢吸收。

(4) 换盆(图 8–4–4)

万代兰的根系粗放，栽培时尽量用粗的填充材料(一般不用水苔)，这些基质不易腐败，故不用去改换基质。如植株过大，可在春季，换上大一号的木框，原来用花盆栽种的，若无法拔出根部，只能打烂花盆后，换上大的花盆。不久根系自然扩展生长。

5．繁殖(图 8–4–5)

一般在春季，切取嫩枝或者母株上带气根的分株进行扦插，也可切取长有二、三条气根的母株进行繁殖，因万代兰气根发达，繁殖容易。

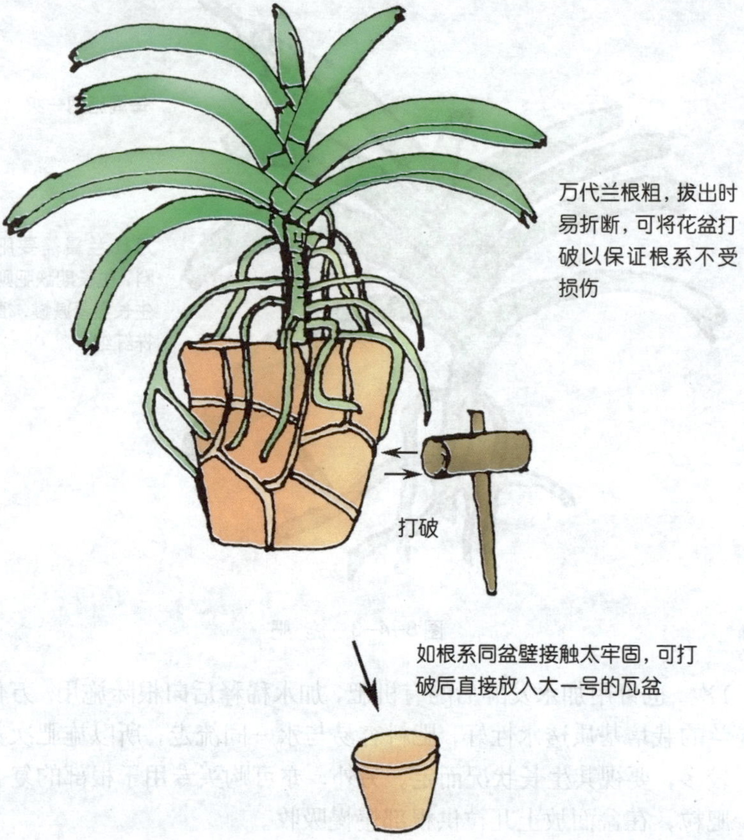

图 8-4-4 换 盆

表 7 万代兰全年栽培管理表

月份	1	2	3	4	5	6	7	8	9	10	11	12
浇水	较少		较多			加多					较多	较少
光照	全日照					遮光 30%～40%					全日照	
施肥			开花肥			营养肥						
花期			早花期		盛花期					晚花期		

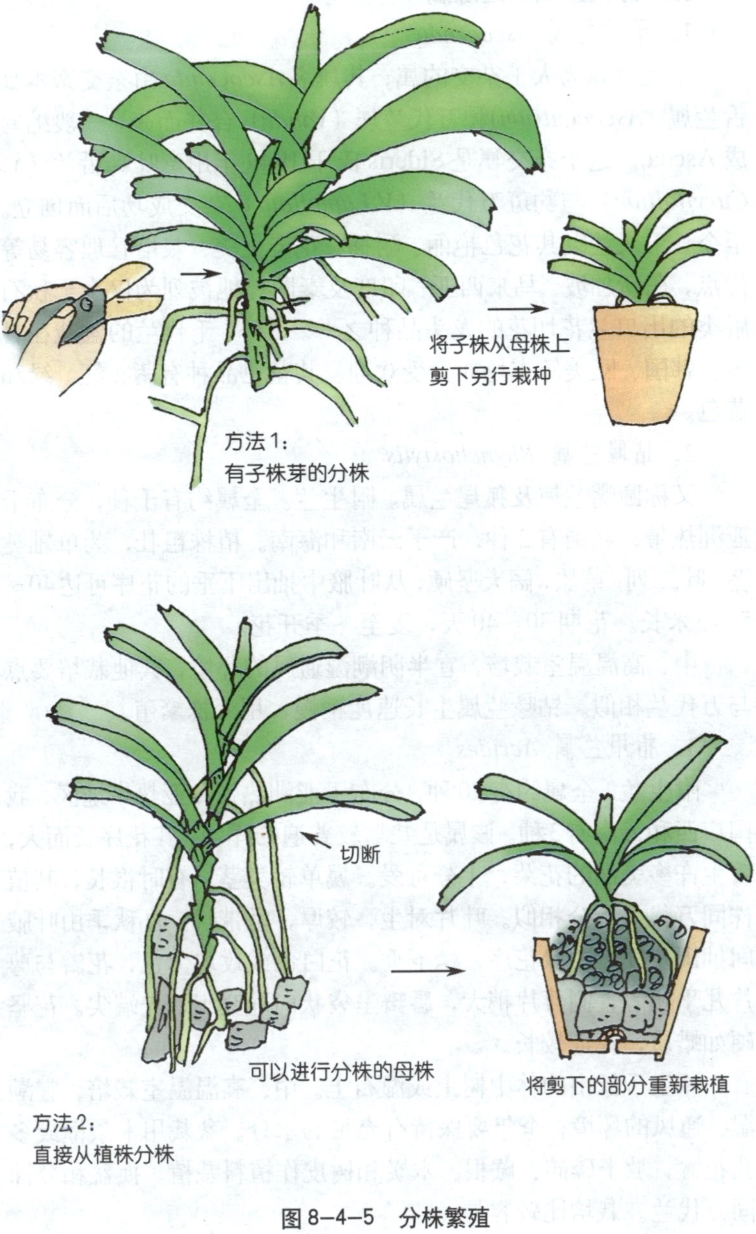
将子株从母株上
剪下另行栽种
方法1：
有子株芽的分株
切断
可以进行分株的母株
将剪下的部分重新栽植
方法2：
直接从植株分株

图 8–4–5　分株繁殖

(九)万代兰属的近缘属

1．千代兰属 *Ascocenda*

千代兰属为人工杂交的属，其属名*Ascocenda*由杂交亲本鸟舌兰属（*Ascocentrum*)和万代兰属（*Vanda*）合并而来，一般缩写成 Ascda.。这个杂交属是 Sideris 氏于 1949 年用弯叶鸟舌兰（*A. Curvifolium*）与豹斑万代兰（*V.Lamellata*）杂交成功后而创立。至今，千代兰以其花色艳丽、耐插、花姿优美、栽培管理容易等优点，在新加坡、马来西亚、印度及泰国等地被列为仅次于秋石斛类的出口兰花切花的龙头品种之一。另外，千代兰的盆栽在日本、韩国、欧美等市场亦大受欢迎。其花色品种有紫、红、绿和黄色。

2．钻喙兰属 *Rhynchostylis*

又称圆嘴兰属及狐尾兰属。附生兰。全属约有千种，分布于亚洲热带，我国有 2 种，产于云南和海南。植株粗壮，为单轴类茎。叶二列，革质，阔大坚硬，从叶腋中抽出下垂的花序可达40～50 厘米长。花期 30～40 天，夏至冬季开花。

中、高温温室栽培，宜半阴潮湿通风的环境，其他栽培要点与万代兰相似。钻喙兰属生长速度稍慢，用分株繁殖。

3．指甲兰属 *Aerides*

附生兰，全属约有20种，分布于亚洲热带和亚热带地区，我国广西和云南有3种。该属是栽培较普遍的洋兰，其花序长而大，着生许多美丽的花朵，十分可爱。属单轴类茎，有时很长，其植株同万代兰十分相似。叶片对生，较厚，呈带状。夏秋季由叶腋间抽出花梗，总状花序，稍下垂。花白色或玫瑰紫色，花瓣与萼片几乎相等，侧萼片稍大，唇瓣呈袋状向外突出，先端尖。花坚硬如蜡质，花期较长。

原生于低山的林中树上或湿石上。中、高温温室栽培，宜潮湿、通风的环境，全年要保持有充足的水分。盆栽用木条框或多孔花盆，放上碎砖、蕨根、木炭和树皮作植料栽植。换盆和分株同万代兰。栽培比较容易。

4. 鸟舌兰属 *Ascocentrum*

又称囊球兰属、百代兰属，为千代兰类洋兰杂交的重要亲本之一，很受人们欢迎。附生兰类，全属约9种，产于喜马拉雅山和东南亚热带地区，我国云南和台湾也有分布。改良品种多，植株比万带兰小。单轴类茎，茎甚短；叶片短而硬，密生在茎干上；花形囊球状而小，色泽艳丽的花朵密集簇生在直立的花序上。春夏季开花。

喜爱阳光，夏季只需遮去一部分阳光，其它季节不用遮光。喜潮湿，通风的环境，越冬温度最低为15℃。光照、温度、浇水等大致与万代兰相同，施肥量只为万代兰的一半。夏季分株，因不似万代兰具有多气根，故不能切断茎部繁殖，只可分株。

5. 风兰属 *Angraecum*

又称武夷兰属。附生兰，全属约200种。产于非洲热带和马达加斯加，亚洲日本、菲律宾也有分布。风兰属为单轴类茎，茎短，茎下部生出无数的气根；叶阔而厚，常绿；花色为白色或绿色，呈星状，花的大小变化极大，蜡质而美丽，唇瓣上有细长的距，有香气。冬季至春季开花，花期长，可达40~50天。

中温和高温温室栽培。没有明显的休眠期。栽培要点大致与万代兰相同。

6. 火焰兰属 *Renanthera*

又称肾药兰属。附生兰。全属约有15种，分布于亚洲热带及太平洋的岛屿上，我国有2种，产于云南和海南。为单轴类茎，花茎侧出，具分枝且呈大圆锥花序，有花多朵，花极美丽。花期在夏秋季。

中、高温温室栽培，宜半阴潮湿的环境。基质可用碎砖、树皮、蕨根、木炭和椰壳等混合物，也可将其固定在铺有苔藓的树蕨板上任其攀援生长。

7. 蜘蛛兰属 *Arachnis*

又称蝎兰。附生兰类。全属17种，产于亚洲热带地区，从喜马拉雅山到新几内亚和所罗门群岛，其大量种类在印度西亚和马来西亚。高温或中温温室栽培，无休眠期。单轴类茎，短或较长；叶片革质；花序长，有黄色或红色蜘蛛状花朵。花期在夏秋季。

蜘蛛兰是比较喜光的植物。在马来西亚和夏威夷，将生长较高的、类似藤本的蜘蛛兰大量栽种在种植床上，通常不遮光，生长十分健壮，产花量大。盆栽的矮生种类，在温室内栽培，如果光线不够强，则植株可以长得很高，但开花甚少。蜘蛛兰是喜肥的兰花，生长时期必须有充足的肥料才能生长良好。茎干比较短的种类可参照万代兰的栽培方法。

(十)文心兰属 *Oncidium*

1．分布与生境（图10-1）

别名为金蝶兰、瘤瓣兰、跳舞兰。绝大多数种为附生兰，只有少数几个种为石生兰或地生兰。分布在中、南美洲，以巴西、哥伦比亚、厄瓜多尔和秘鲁为最多。全属约有750种，是兰科中最大的属之一，有许多种和种间或属间杂交种。是一类极美丽而又有巨大经济价值的兰花，是世界上重要的切花品种之一，市场需求量很大，多用其小花种作插花的配花用。文心兰的花形奇特，花期持久，深受大众欢迎。

2．形态特征

文心兰的形态变化比较大，假鳞茎为扁卵圆形，较肥大，似琵琶，多数种没有假鳞茎。叶片1～3枚，顶生，叶条形至长卵形，或薄或厚，通常可分为三种：薄叶种、厚叶种和剑叶种。每个假鳞茎上一般只长出1支花梗，某些生长粗壮的品种，可能会长出2枝花梗。花梗有的很短，只开1～2朵花，有的很长，单梗或分枝，上面能开数百朵花。花瓣边缘多皱波状，侧萼向上弯曲，唇瓣具有多变的斑纹，呈手提琴状，基部有鸡冠状的瘤状突起。花色以黄色为主，还有棕色、白色、绿色、红色或洋红色。花形生动似跳舞女郎或金蝴蝶。花期因种而异，有些种的花朵连续不断地开放，开花期长达1～2个月。

3．生长条件及管理（图10-3）

文心兰的栽培条件因品种不同而有很大的差异。在栽种文心

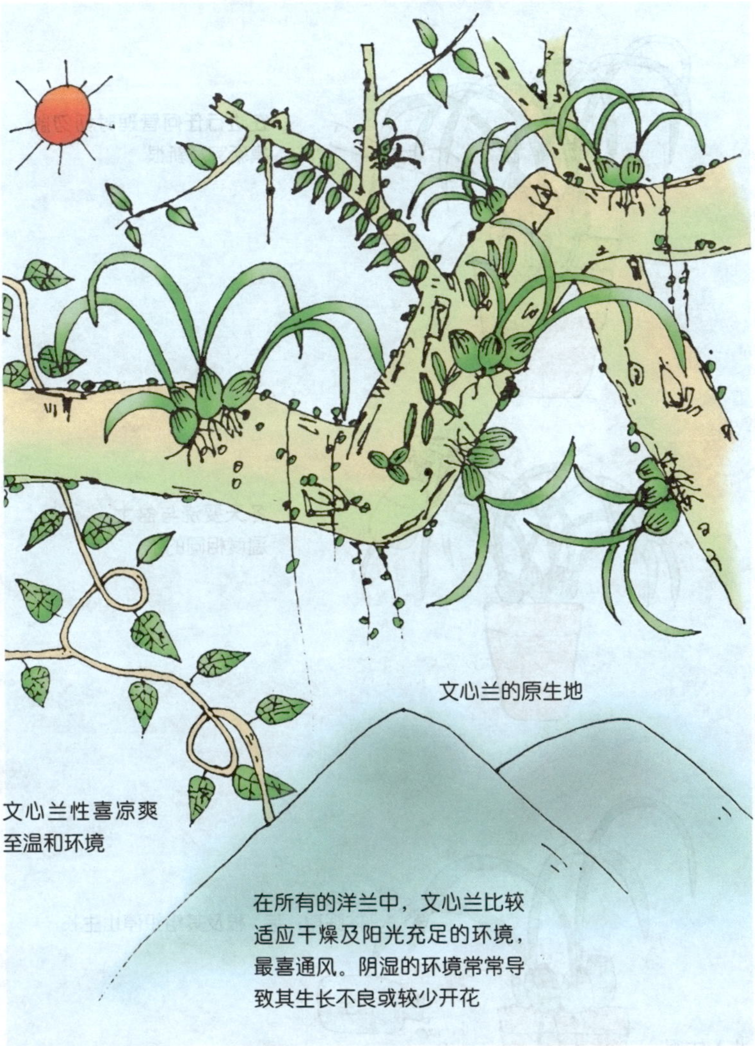

图 10–1　文心兰的生境

兰时，必须先了解该品种原产地的生长条件，是属于热带的低海拔的热带种，还是热带高海拔或亚热带或暖温带喜冷凉的品种，根据其原生地的条件，创造不同温度的生长环境。如薄叶种叶较

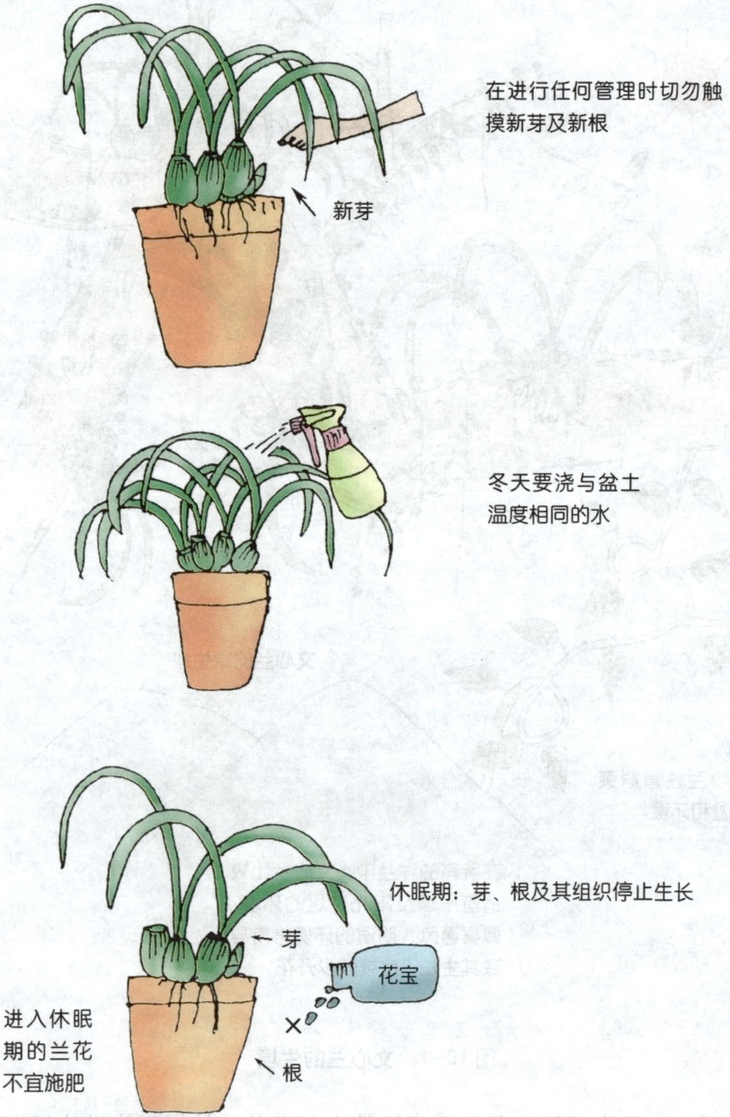
在进行任何管理时切勿触
摸新芽及新根
新芽
冬天要浇与盆土
温度相同的水
休眠期：芽、根及其组织停止生长
芽
花宝
×
根
进入休眠
期的兰花
不宜施肥

图 10–3　文心兰的管理

薄，稍革质，多数植株生长势强健，适于中温温室栽培；厚叶种耐干旱能力强，在冬季温室内栽培，几十天不浇水也不至于因干旱而死亡；剑叶种株型较小，适于家庭栽培。一般文心兰需要充足的光照，夏季可适当的给予遮光，约遮去40%，冬季不必遮光。有些品种要放入15℃以上的温室内过冬，10℃以下会影响生长，生长温度在13℃～18℃。栽培基质需选用排水良好、洒水后容易干的材料，如：木炭、砖块、树皮和蕨根等。同许多品种一样，文心兰根部喜欢偏干，并露在空气中。文心兰根部过湿，一旦积水，容易腐根。因此，不可采用蝴蝶兰的养法，因蝴蝶兰的根部喜偏湿。夏季需水量较多，生长期需保持空气湿度40%，环境要求通风良好，施肥量宜多。花后有4～8周的休眠期。

4．栽培方式

文心兰同其他洋兰相比是较容易栽植的种类，可盆栽，也可用篮筐、木条框或多孔的塑料花盆栽培。

图10–5 文心兰换盆与分株

5．换盆与分株（图10–5）

文心兰所用盆栽基质不易腐烂，可3～4年换盆一次。换盆和分株在春季或在新芽发生之前进行。

表8　文心兰全年栽培管理表

月份	1	2	3	4	5	6	7	8	9	10	11	12
浇水	较少			较多			多			较多	较少	
光照	全日照				遮光30%		遮光50%			遮光50%	全日照	
施肥	开花肥				营养肥						开花肥	
花期	早花期	盛花期			晚花期							

（十一）文心兰属的近缘属

1．密尔顿兰属 *Miltonia*

又称堇色兰属。附生兰。全属约20种，产于中南美洲，多附生于林中树上或湿石上。植株有长而健状的匍匐茎，上生直立假鳞茎，短小，丛生。花色和花型非常迷人，有花1至数朵，花白色或红色，花瓣上有鲜艳的深红色或洋红色的条纹或斑块。花期秋或冬季。

中、高温温室栽培，但一些高山生长的品种要在冷凉的夏季才能安全越夏，其耐热能力为卡特兰的一半，也不耐寒。栽培基质为通风透气的木炭、碎砖、树皮、蕨根等。

2．齿瓣兰属 *Odontoglossum*

又称齿舌兰属。附生兰。全属约有300种，产于中、南美洲的热带和亚热带山区。有假鳞茎，顶生1～3叶。从假鳞茎基部长出花梗，直立或弓形弯曲，少数种的花茎粗壮而下垂。有些花相当大，唇瓣复杂，花色变化多且美丽，通常为白、黄或绿色，上面有紫色或棕色的条纹，在欧洲栽植很流行。

齿瓣兰原生于林中树上或湿石上。属中、高温性洋兰，栽培环境宜半阴、潮湿。越冬温度比卡特兰稍低，夏季要放置在阴凉通风的地方。在夏季酷暑时，不能施肥，应在春季或秋季施肥。浇水法与卡特兰相同。栽培基质以蕨根、碎砖、树皮为佳，盆面最好铺上苔藓以作保湿之用。

3．长萼兰属 *Brassia*

又称蜘蛛兰。附生兰类。全属约有45种，产于热带美洲，生于雨林中树上或石上。中、高温性种类，栽培环境需高温多湿，喜阳光，植料以碎砖、蕨根和树皮最好。花期春夏季。栽培管理同文心兰。

4．凹萼兰属 *Rodriguezia*

附生兰类。全属约35种，产于热带美洲，多数种类分布于巴西。中、高温类洋兰。栽培宜选高温多湿之地。植料以碎砖、树皮、蕨根、木炭粒相拌制成。花期全年。

(十二)独蒜兰属 *Pleione*

1．分布与生境(图12–1)

独蒜兰全属有20多种，有种间杂交种及与贝母兰、白芨的属间杂交种。广泛分布在我国长江流域以南地区及台湾省，缅甸、泰国等地也有分布。附生于海拔900～3600米的阔叶林下有腐殖土的岩石上、裸露的树干上、或灌木丛下的腐殖土上。在原生地，生长季节气候潮湿、温暖。在冬季，大多数种类要求干燥和冷凉的环境。该属在冬季处于完全休眠状态，假鳞茎上的叶片全部脱落，根系全部枯死。

2．形态特征

独蒜兰为一种小型多年生、半耐寒的附生或少数地生的兰花，又称为一叶兰。因假鳞茎形似独头蒜而得名，有卵圆形或长颈瓶状，深绿色，顶生1～2枚叶（秋花品种），花后出叶或叶后开花。叶椭圆状披针形，顶部稍钝或渐尖，基部收狭成柄，抱花葶。直立花序高15～25厘米，花通常1朵，偶有2朵，顶生。其花形很像卡特兰的花但较小，有的有香味。花色鲜艳，黄、白、粉红至浅紫或复色，唇瓣上有许多暗紫红色的斑点，十分美丽动人，深受兰花爱好者的喜爱。在正常生长条件下，每朵花的寿命可达1～

图 12–1　独蒜兰属的生境

2周，花期长约1个月。春花品种花期在3～6月，秋花品种花期在9～11月，有明显的休眠期。

3．生长条件（图12–3）

春季开始长出新根新芽，这时只保持盆栽基质微潮即可，一

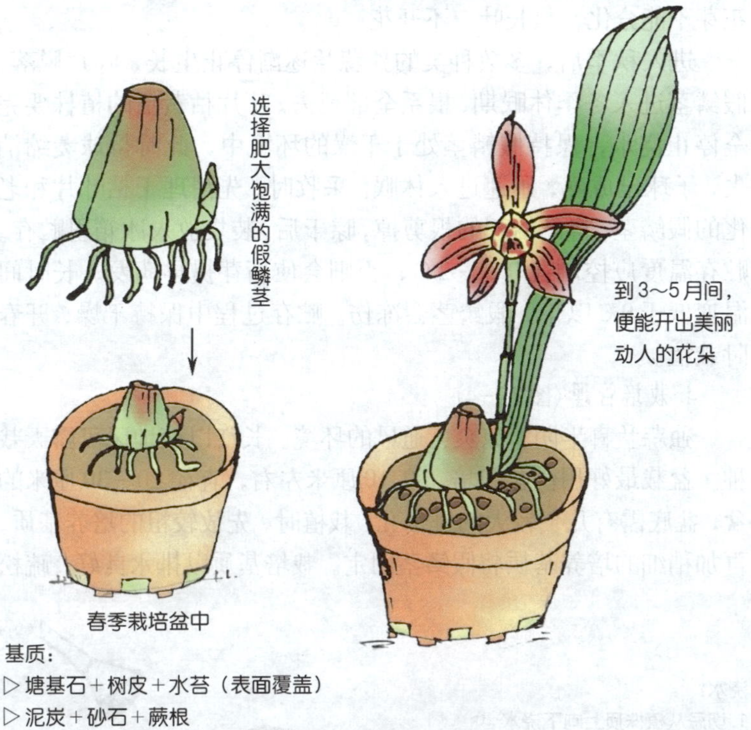

图 12–3　独蒜兰栽植

般浇水后，应等基质确实干燥后再洒水。3 月中下旬起，需给予 50% 左右的遮荫。

夏季植株处在旺盛生长期，需较高的水分及空气湿度。在炎热的晴天可每日浇水 1 次，并适当多次向四周喷雾，增加空气湿度及降低温度。白天最高气温应保持在 32℃以下，生长温度以 15℃～20℃为最佳。旺盛生长期可以随浇水施用液体肥料，每 1～2 周 1 次。施肥时注意氮磷钾的平衡，旺盛生长期开始，氮磷钾的比例为 3∶2∶2，再添加一些微量元素；生长后期至变黄期间，氮磷钾的比例改为 2∶3∶3，以促进品种开花。生长期间，独蒜兰的子球迅速肥大，其旁边生有 2 小芽，夏末花芽形成。当生长环境昼夜温度高于 25℃时，叶片长得虽大，但夏天花芽分化缓慢，或花芽不能分化，只长叶，不开花。

进入秋季后，多数种类的独蒜兰逐渐停止生长，叶片脱落，假鳞茎进入冬季休眠期，根系全部死去。叶片枯黄后的植株要完全停止浇水，保持假鳞茎处于干燥的环境中，此时母球萎缩消失，子球已成熟，迅速进入休眠。采收时，先清理干枯叶片和老化的假鳞茎，将已枯死的根剪掉，晾干后，装袋放入冰箱里贮存。贮存温度应控制在0℃～2℃，否则会使新芽提早萌发。长时间温度低于0℃以下，假鳞茎会冻伤。贮存过程中保持干燥，开春时栽植。

4. 栽培管理（图12–4）

独蒜兰喜半阴、凉爽、通风的环境。长江以南地区可露天栽种。盆栽最好用浅盆栽培，高10厘米左右，直径20～30厘米的盆，盆底需有几个较大的排水孔，栽植时，先放较粗的培养基质，再加稍细的培养基质将假鳞茎固定。栽培基质以排水良好，疏松

图12–4　独蒜兰管理

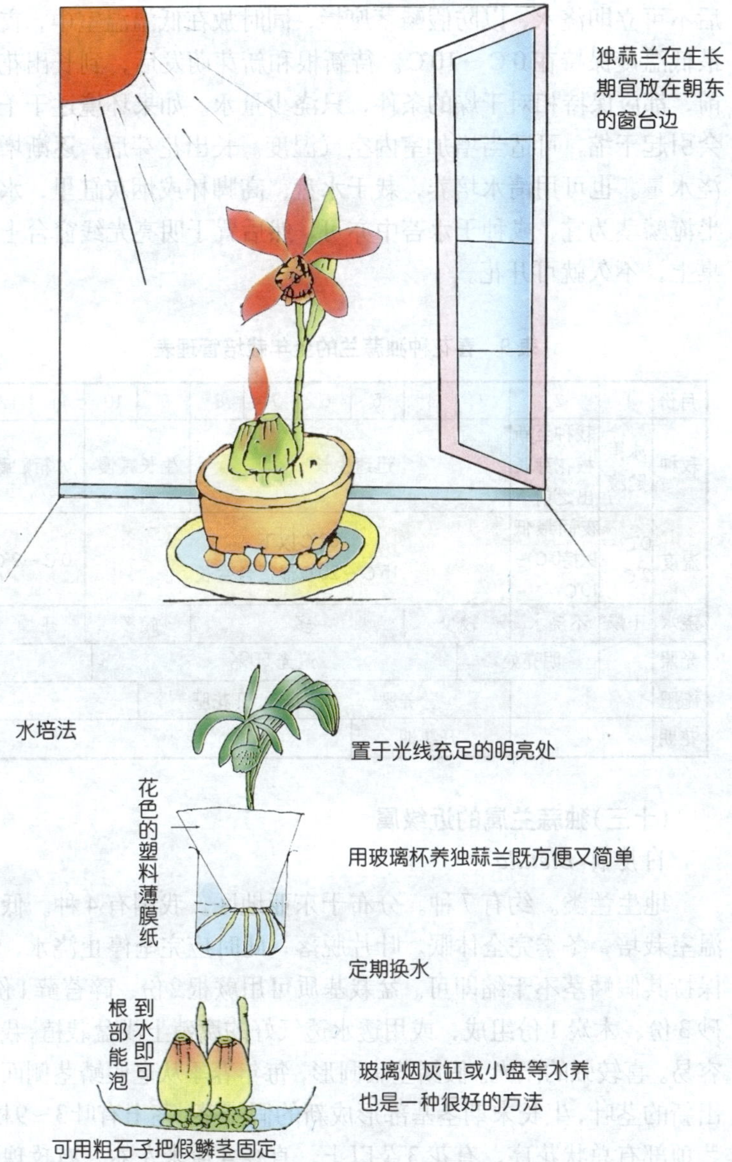

图 12–4　独蒜兰的栽培管理

的蕨根、树皮块、苔藓、木屑、砂砾、泥炭或腐殖土为宜。种植后不可立即浇水，以防假鳞茎腐烂，同时放在低温温室中，夜间最低温度保持在0℃～10℃。待新根和新芽萌发后，到长出花芽前，都应保持相对干燥的条件，只浇少量水。如果环境过于干燥会引起干缩，可适当增加室内空气湿度。长出花芽后，逐渐增加浇水量。也可用清水培养，栽于水盘、高脚杯或烟灰缸里，水以半淹鳞茎为宜，或种于水苔中亦可，然后置于明亮光线窗台上或桌上，不久就可开花。

表9　春花种独蒜兰的全年栽培管理表

月份	1	2	3	4	5	6	7	8	9	10	11	12
栽种	冰箱贮藏	栽种至新根花芽长出之前	迅速生长						生长减慢		冰箱贮藏	
温度	0℃～2℃	夜间最低保持0℃～10℃	32℃以下 15℃～20℃最适合生长								0℃～2℃	
浇水	干燥	不浇水	较少		多				较多		干燥	
光照		明亮处	遮光50%									
施肥			营养肥				开花肥					
花期			开花期									

（十三）独蒜兰属的近缘属

白及属 *Bletilla*

地生兰类。约有7种。分布于东亚地区。我国有4种。低温温室栽培，冬季完全休眠，叶片脱落，此时应完全停止浇水，只保持其假鳞茎不干缩即可。盆栽基质可用蕨根2份、碎苔藓1份、砂3份、木炭1份组成，或用透水透气好的腐殖土浅盆栽植，栽培容易。喜较强的阳光。假鳞茎扁圆形，每年春季从老假鳞茎侧面生出新的茎叶，生长末期茎基部形成新的假鳞茎。茎上有叶3～9枚，茎顶部有总状花序，有花3朵以上，直径4厘米左右，有玫瑰红色、紫红色、黄色或白色，高约30厘米，十分美丽。

(十四)鹅颈兰属 *Cycnoches*

又称天鹅兰、肉唇兰属。附生兰。全属约12种。天鹅兰属为雌雄异株的兰花，雌花和雄花外形完全不同，因此常会造成品种鉴定的混乱。均产于美洲热带地区，生于山地雨林中树上或湿石上。中、高温温室栽培，最好保持全年温度在20℃~30℃之间，喜半阴潮湿环境，冬季有休眠期，叶脱落，此时应减少浇水。栽培基质以树皮、蕨根、碎砖及水苔等混合最好。分株繁殖。花期在夏至冬季。

(十五)鹅颈兰属的近缘属

1．旋柱兰属 *Mormodes*

又称丑妖怪兰属。附生兰。全属约30种，产于美洲热带地区，生于雨林中树上或湿石上。中、高温温室栽培，栽培要点大致与鹅颈兰相同。花期在秋季。

2．瓢唇兰属 *Catasetum*

又称龙须兰属。附生兰。全属约50种，瓢唇兰属为雌雄异株的兰花，产于美洲热带地区。

生长条件及栽培要点大致与天鹅兰相同。花期在夏秋季。

(十六)捧心兰属 *Lycaste*

又称薄叶兰属。附生兰。全属约35种，产于美洲热带地区，生于中、高海拔的山地雨林中树上或湿石上。有长卵形的假鳞茎，叶披针形。在成熟的假鳞茎基部生出花梗，通常有花1朵，花大而艳丽、芳香。花色有白色，绿色和粉红色。花期在冬季至春季之间。

低、中、高温温室栽培，喜半阴潮湿环境。冬季有休眠期，叶脱落，此时应减少浇水，不应施肥。栽培基质以树皮、蕨根、碎砖及水苔等的混合物为最好。分株繁殖。

(十七)接瓣兰属 *Zygopetalum*

又称蟹爪兰、轭瓣兰属。附生兰，少数为地生兰。全属约40种，产于美洲热带地区。中、高温温室栽培，喜半阴潮湿环境。冬季有休眠期，此时应减少浇水。栽培基质以树皮、蕨根、碎砖及水苔等混合最好。分株繁殖。花期在秋季。栽培要点大致与天鹅兰相同。

（十八）鹤顶兰属 *Phaius*

主要为地生兰，少数为附生兰。全属约50种，泛布于亚洲，非洲和大洋洲的热带和亚热带地区。我国有10余种，分布于华南和西南各省区。有延长的假鳞茎，圆锥形或圆筒形，多生有折叠的、大型的叶片。花茎直立、粗壮，生于假鳞茎的侧面，通常开出许多大型的花，开花期较长。花唇瓣筒状，十分独特，颜色变化较多，有些颜色在兰花中最不易见到。花期春夏或夏秋。有种间和属间的人工杂交种。

中温或高温温室栽培，栽培较易。鹤顶兰喜温度高的环境，有些较耐寒，喜比较明亮的场所，适当的光照容易开花。光照太弱，叶片生长过大且薄，容易得病，此点必须注意；但光照太强，会日灼变成褐色。鹤顶兰生长势比较强，枝叶大，需肥量相对较多，在生长期需每2～3周施肥1次。在新的茎生长完成后休眠3～4周，这期间可以减少浇水量，只保持土壤不太干即可，并停止施肥。盆栽要求盆土排水和透气良好，基质可用4份腐殖土、1份砂或1份碎苔藓组成。分株在开花后短暂的休眠期进行，同时可结合换盆。

（十九）鹤顶兰属的近缘属

1．虾脊兰属 *Calanthe*

为地生或附生，以地生为主。全属约150种，我国约有50种。分布地域广阔，多生于林下阴湿地，也有生于山溪的石缝中。附生者多生于树干上，常绿。假鳞茎球形，小；另一类秋季落叶，假鳞茎大，或多或少有棱角。所有虾脊兰皆叶片大，呈明显的折叠状。花序直立或呈弓形，长达数十厘米或更长。花少数至多花。花色主要为白色、粉红色、黄色。有部分种花型美丽，栽培容易。花期冬春或夏秋季。

管理与鹤顶兰相近。中、高温温室栽培，耐寒力极强。喜欢光线较强的环境，以太阳光不直射为度。常绿叶类要求稍阴，宜栽培在通风及潮湿之地。栽培基质用肥沃而排水良好的腐叶土拌以少量蕨根、碎砖或火山灰等最好。虾脊兰植株繁茂、健壮、生长期需经常施肥，其需肥量比其他兰明显多。秋季开始逐渐减少浇水量，以不太干为度。换盆通常每年1次，在开花后同分株一起进行。

2. 苞舌兰属 *Spathoglottis*

地生兰。全属约有40种，分布于亚洲、大洋洲的热带和亚热带地区，我国有2种，分布于华南和西南各省区。中、高温温室栽培，喜阳光充足、潮湿环境。栽培管理与鹤顶兰相近。花期全年。

(二十)贝母兰属 *Coelogyne*

别名为茅慈姑兰属。附生或地生兰类。全属约有200种，分布于亚洲和太平洋岛屿的热带及亚热带地区。我国约有16种，分布于华南和西南各省区。贝母兰属有假鳞茎，长椭圆形，较疏生。顶生1～2叶，披针形，长约20厘米，宽2～13厘米，因种类不同而异。植株横向扩张，花茎直立或向下弯垂，花单生或多朵，花有白、黄、橙红、橙或绿色，常带有红色、栗色的斑点。花期多在冬季至春季间。

贝母兰属中的高温类兰花，越冬温度10℃；白花品种可在5℃休眠状态下过冬。夏季应避免阳光直射，喜荫凉、通风的环境。施肥及浇水大致与兜兰相同。栽培基质以碎砖、树皮、木炭及腐叶土的混合物最好，也可在树蕨根上铺水苔栽植。

二、以观叶为主的洋兰——宝石兰系列

在洋兰大家族中，有一类具有自然美丽脉纹的斑叶品种特别被珍视，由于这类赏叶兰花的叶多为心形，尤似美丽的宝石，所以在国外被称为宝石兰。这类兰花以赏叶为目的，故当其开花时经常要将小而不美丽的花序剪掉，以减少消耗养分，促进新芽生长。栽种时也要注意保持半阴、湿润的环境，可直接用水苔栽植，但要注意不能过湿，否则极易腐烂而死亡。以观叶为主的洋兰主

要有下列几种：

(一)开唇兰属 *Anoectochilus*

地生兰。全属约25～40种，泛布于亚洲和大洋洲的热带和亚热带地区，我国华南和西南各省区亦有。多生于林下与苔藓植物为伍的阴湿地，故在栽植时最好在其盆内铺上活的水苔，对其生长十分有利。盆栽基质可用蕨根2份、碎苔藓1份、砂3份、木炭1份组成，或用透水透气好的腐殖土浅盆栽植。蜗牛是这类美叶兰的大害，白天多藏在阴湿的地方，夜间出来活动，常一个晚上就能将整株吃得乱七八糟，危害性严重。当看到叶片、盆边及台架上有光亮透明粘液线条痕迹时，即说明有这类动物的存在，可人工捕杀或撒上生石灰灭杀。

(二)斑叶兰属 *Goodyera*

地生或石生兰。全属约40种，分布于除南美洲以外的热带至温带地区，我国亦有25种，分布于华南、华中和西南各省区。栽培管理大致与开唇兰相同，但斑叶兰需要更荫凉的夏季条件，温度不能超过20℃，否则极易腐烂死亡。盆栽要求用水苔种植，以保持高湿度。

(三)血叶兰属 *Ludisia*

又称石蚕属。石生兰。全属只有1种，但变种极多，分布于东南亚各国和我国广东、广西、海南和云南等地。中、高温温室栽培，栽培管理同开唇兰，但不耐低温，在高温多湿的条件下生长繁茂。

三、奇特型洋兰

(一)竹叶兰属 *Arundina*

地生兰。全属约有8种，分布于印度，斯里兰卡，东南亚各国及我国华南地区。其茎似芦苇，其叶似竹叶，其花似卡特兰，有多花性，十分美丽。花期在秋夏季。多生于阳光充足的草坡及林缘路旁。属中温性植物，在热带地区露地种植十分成功。栽培宜用排水透气良好的腐殖土、碎树皮、蕨块等植料。盆底垫一层碎砖块、瓦片等排水物，需大盆成丛种植。环境通风，阳光充足对其生长十分重要，否则只长叶不开花。

(二)槽舌兰属 *Holcoglossum*

附生兰。全属约5~8种，分布于泰国、缅甸、越南和我国台湾、海南、云南、广西、广东等地，多生于山顶矮林树干上或湿石上。中、高温性洋兰，栽培宜选高温高湿之地,并每天保持喷水,植料以椰衣、碎砖、树皮为好,也可直接裹上水苔栽植于蕨板上。花期多在春季。

(三)石豆兰属 *Bulbophyllum*

附生兰。全属超过1000种，为兰科植物最大的属之一。分布于亚洲热带及非洲等地区，澳大利亚和美洲热带地区也有。在我国有数十种，主要分布于长江流域及以南各地。花型较小。根状茎长而匍匐。假鳞茎形状多样，大小不一，在根状茎上直立或斜生。顶端通常有1叶，少数有2~3叶。花茎生于假鳞茎侧基部或根状茎上，顶生多朵花。萼片较花瓣大，花有绿、黄、褐等颜色，有香味。花期冬春或春夏。

石豆兰原生于树上或溪涧崖壁和湿石上，常成片生长。属中、高温类兰花。宜栽培在湿润和阳光充足的环境，阳光不足常难以开花。栽培基质以碎砖、水苔及木炭的混合物为最好。也可整株植于蕨板上，但要经常喷水，以保持一定湿度，否则易死。

(四)卷瓣兰属 *Cirrhopetalum*

附生兰。全属约有70种，分布于亚洲热带、大洋洲和非洲等地，我国华南、西南地区亦约有30种。如石豆兰属一样，多生于溪涧旁的湿石崖壁上或密林中树上，常成片生长。假鳞茎小，与石豆兰属的假鳞茎十分相似。但其花集中生长在伞形花序上，常生于花序一侧。侧萼片往往伸长、联合。花的颜色十分丰富，但没有蓝色。花期冬、春、夏季。

栽培同石豆兰，宜阳光充足、潮湿通风透气的环境，周围要保持较高湿度，过于干燥会导致落叶死亡。

(五)羊耳蒜属 *Liparis*

地生或附生兰。全属约250种，广泛分布于全球热带、亚热带和温带地区，我国亦有50多种，主要分布在西南、华南及中南各省区。属中、高温性兰花。地生种宜用腐殖土、粗沙和水苔相拌的培养土作植料，附生种可用树皮、碎砖或蕨根栽植。栽培需要半阴和潮湿的环境条件。多数品种冬季会落叶休眠，此时可减少浇水直至来年春暖再恢复正常浇水。花期多在秋末至冬初，也有春夏季开花的品种。

(六)石仙桃属 *Pholidota*

附生兰。全属约40种，分布于印度、马来西亚、泰国、印度尼西亚、巴布亚新几内亚和我国南部。多生于密林中树上或湿石上，中、高温性兰花，栽培环境宜选半荫潮湿之处。可用树蕨板植或用树根、泥炭、碎砖相拌的植料盆栽。花期在秋夏季。

(七)美冠兰属 *Eulophia*

地生兰类，极少有附生兰。全属200~300种，广泛分布于全世界各热带地区。我国有12种以上，分布于西南、东南部。高温或中温温室栽培，有明显的休眠期。地生种栽培与鹤顶兰相似，附生种可参照石斛类的栽培方法。花期春季。

(八)毛兰属 *Eria*

附生兰类。全属300~550种。分布于亚洲热带地区。我国有40种，主要分布于长江以南各省（区）。低温、中温或高温温室栽培。可参照石豆兰的栽培方法，花期冬春季。

洋兰栽培图说

一、洋兰选购

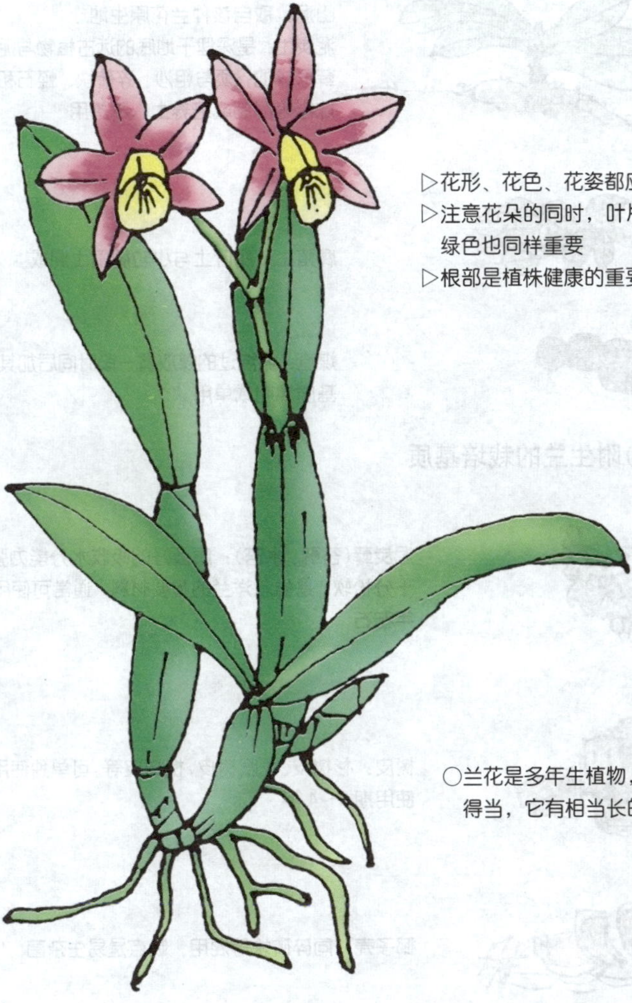

▷花形、花色、花姿都应适宜

▷注意花朵的同时，叶片是否呈鲜绿色也同样重要

▷根部是植株健康的重要标志

○兰花是多年生植物，只要护理得当，它有相当长的寿命

二、栽培基质

(一)地生兰栽培基质

1.

山泥：取自该种兰花原生地

泥炭土：是深埋于地底的远古植物与泥炭藓形成的，须与粗沙、碎砖块、蛭石和珍珠岩等配制成培养土，不单用

2.

腐殖土：腐叶土与小粒肥田土混成

3.

煤渣：燃烧过的煤放置一段时间后加其他基质混用或单用

(二)附生兰的栽培基质

1.

泥炭藓(苔藓、水苔)：质量好的吸收水分能力强，十分松软。是盆栽洋兰的重要材料。通常可使用1年左右

2.

树皮：杉树皮、龙眼树皮，槐树皮等。可单独使用，使用期3～4年

3.

椰子壳：同碎砖块等混用。缺点是易生杂菌

4. 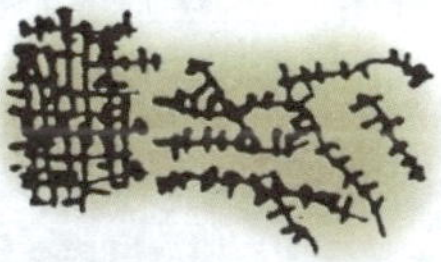

蕨根：不易腐烂，十分耐久，可连续使用4～5年

5. 

木炭：能吸附有害的新陈代谢产物

6. 

苯乙烯聚合物颗粒：能改善培养基的空气流通状况

7. 

珍珠岩、蛭石：能吸收并储存微量元素。

另外，还有碎砖块、瓦片等辅助基质

（三）附生兰栽培基质的使用方法

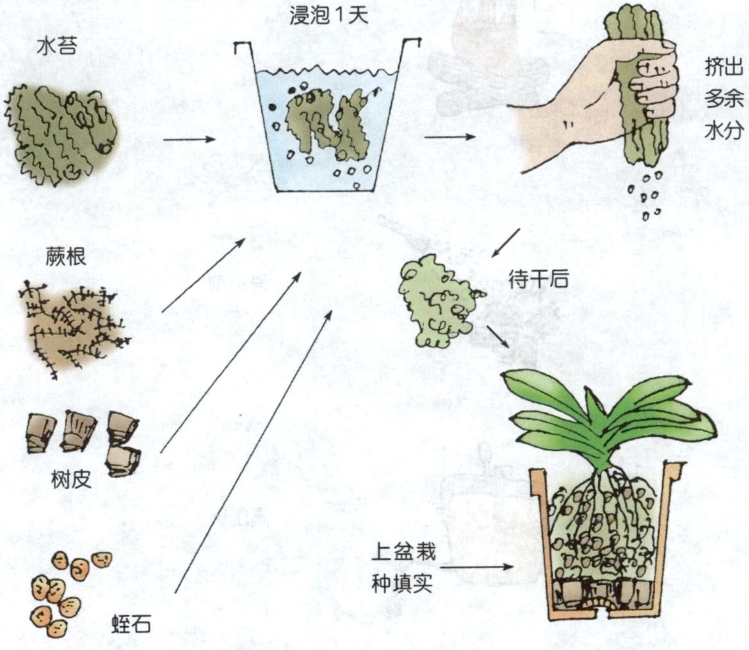

（四）栽培基质的消毒

1. 

太阳曝晒

基质

2. 

加热

3. 

消毒剂

4. 

高压锅

(五)几种常见洋兰的栽培基质配方

种类	树皮或蕨根	泥炭藓	木炭	木炭和珍珠岩	珍珠岩或蛭石
卡特兰	1/2	1/4	1/8		1/8
兜 兰	1/4	3/4			
大花蕙兰	1/2	1/4		1/4	
蝴蝶兰		3/4		1/4	
万代兰	1/2			1/2	
文心兰	1/2	1/4	1/4		
密尔顿兰	1/2	1/4	1/4		
齿瓣兰	1/2	1/4	1/4		

三、栽培容器

(一)容器种类

1.育苗盘 2.木框 3.树枝 4.木板 5.树皮
6.椰子壳 7.塑料花盆 8.透孔花盆 9.蕨根板 10.素烧盆

(二)容器的选择与使用

1.瓦盆：最常用的兰花盆

优点：透气排水性能好

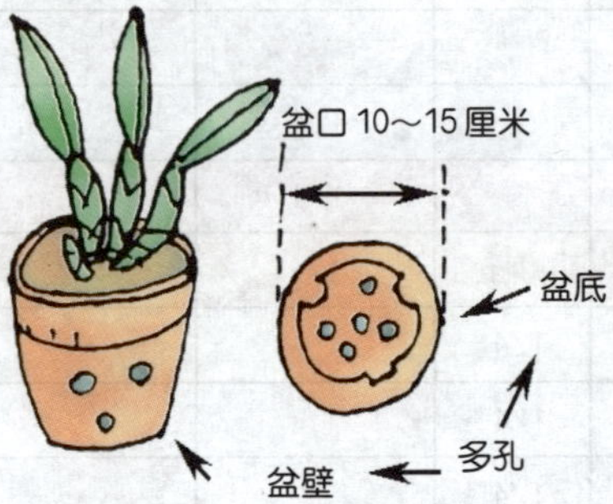

▷宜小不宜大，盆小节省栽培材料，管理方便，水分容易控制

▷根据植株需要决定，以能使栽植后的植株 3 年左右能长满盆为合适

2.塑料盆

优点：造型美，色泽鲜艳，轻便耐用

▷ 大花蕙兰等根系发达、生长迅速的种类不宜使用

3.木框

适合于附生性状极强，气生根极发达的种类或花序向下开放的品种

湿度不足的地方，可暂用保鲜袋包住根系部分，但要留几个孔通气

四、栽培管理

（一）栽培注意事项

①分株后的伤口要先杀菌；②新植材料及植具要先泡透水。

③旧盆要消毒；　　　　　④兰株要浅植；

⑤数天不浇水；　　　　　⑥避免强光照射。

（二）栽培方式

(三)温度控制

1.按原生地划分的三个温度区的温度指标

原生地		植物	平均温度			
			白天	夜晚	最高	最低
温暖地区（四季高温）	热带地区 低海拔地区	兰花	25℃	20℃	35℃	16℃
温和地区	亚热带地区 高海拔地区	兰花	20℃	14℃	30℃	12℃
凉爽地区	亚热带和暖温带地区	地生兰	15℃	8℃	25℃	5℃

2.四种温度型洋兰的适温曲线

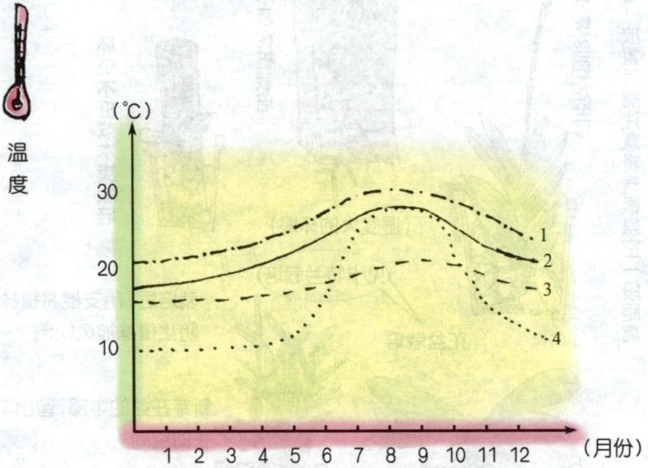

1.全年高温型(万代兰、蝴蝶兰、秋石斛)
2.冬天中温、夏天高温型(卡特兰、蕾丽兰)
3.全年中温型(文心兰、齿瓣兰、密尔顿兰)
4.冬天低温、夏天高温型(春石斛、大花蕙兰)

3.温室构图

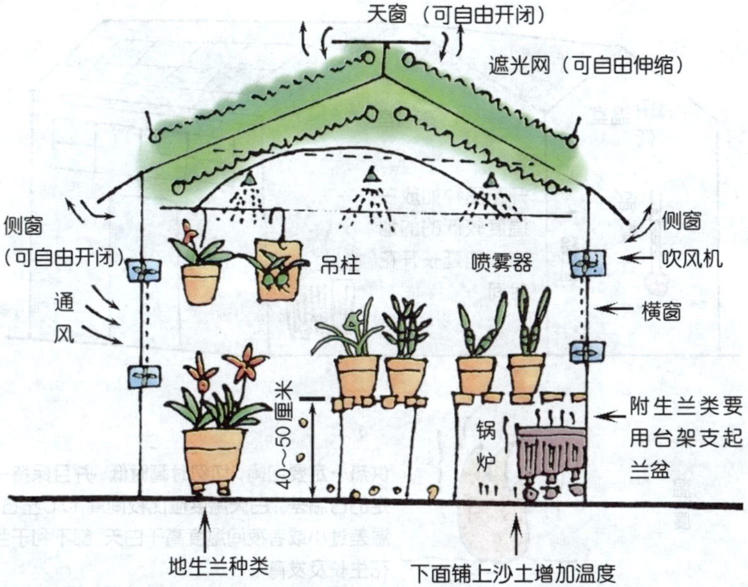

4.温室的温度指标及常见品种

原生地	温室类型	夏季		冬季		品种
		白天	夜间	白天	夜间	
热带	高温	22°C～29°C	18°C～22°C	18°C～22°C	16°C～18°C 不低于14°C	卡特兰、万代兰、秋石斛、蝴蝶兰
亚热带	中温	21°C～28°C	16°C～21°C	13°C～16°C	10°C～11°C	文心兰、大花蕙兰、树兰、密尔顿兰、春石斛
暖温带	低温	16°C～20°C	13°C～16°C	13°C～16°C	2°C～6°C	兜兰、独蒜兰

5.温室的管理

供热一定要均衡，切勿时高时低，并且保持一定的日温差。白天温度应比夜间高10℃左右，温差过小或者夜间温度高于白天，都不利于兰花生长及发育

一般附生兰对日夜温差的反应比地生兰更为敏感，其最适的温差为10℃−15℃

6.升温的方法

(1)

泡沫塑料垫或电热毯可阻止盆底寒气上升

(2)

(3)

(4)

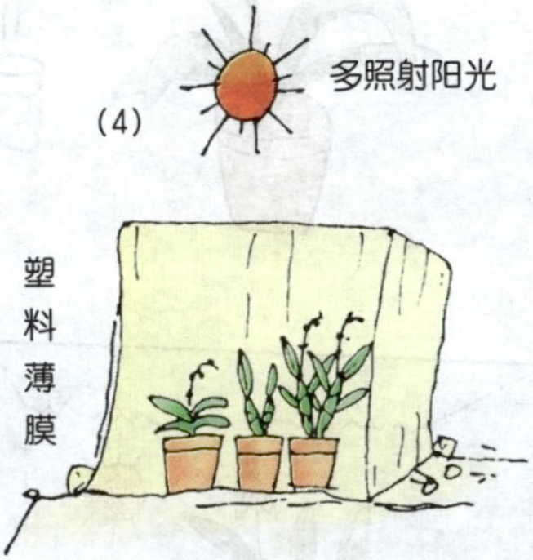

(5)

(6)小型温室

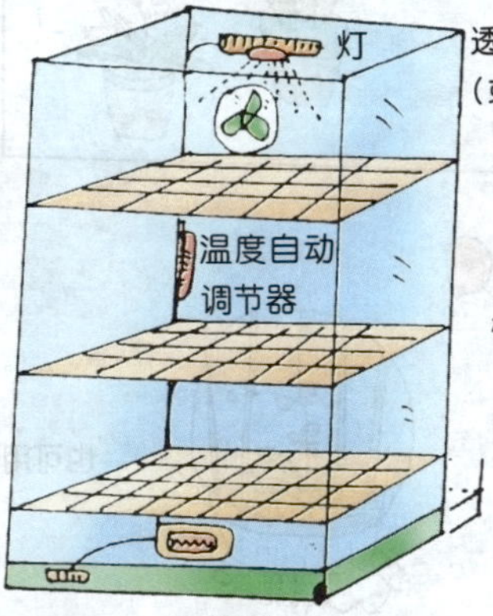

(7)

如无加温设备，可用纸箱或其他箱盖上，箱子以透明为好

(8)

或放置在向阳的窗台尽量增加光照、温度

(9)

也可用透明薄膜罩住花盆进行保温保湿

7.降温的方法

(1)

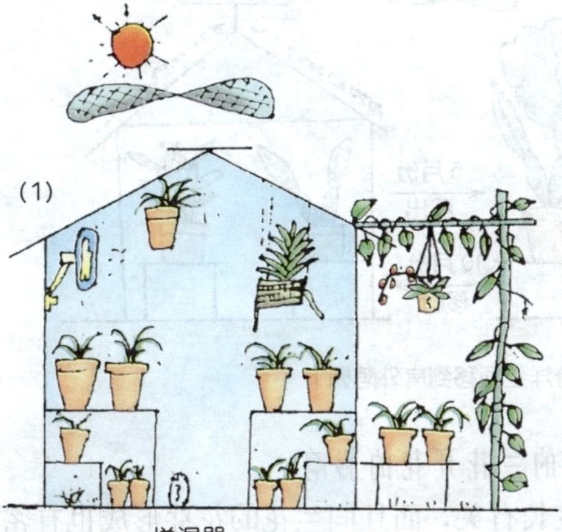

降温方法：

▷采用苇帘、遮光网遮荫

▷屋顶装置喷水器产生水雾

▷在地面铺沙，在沙面、台架上及四周洒水或喷雾

▷安装风扇或排气扇增加空气流通，开窗通风

▷用苇帘挂在温室或荫棚的一侧，不断喷水在帘上，同时用风扇将水吹散

▷在兰花种植区内或周围种上树林

(2)

一些原产热带高海拔地区的兰花在夏天需要凉爽的环境

(3)

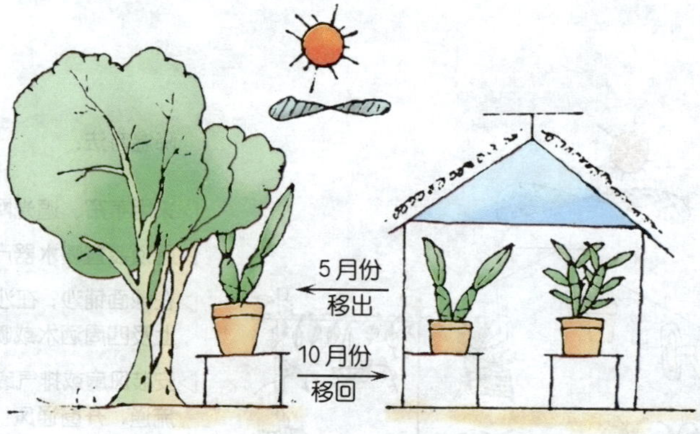

部分洋兰须移到房外荫棚下

8.温度对需低温处理的兰花开花的影响

温度不仅与兰花的生长有关，而且同兰花的花芽形成也有密切关系。

(1)

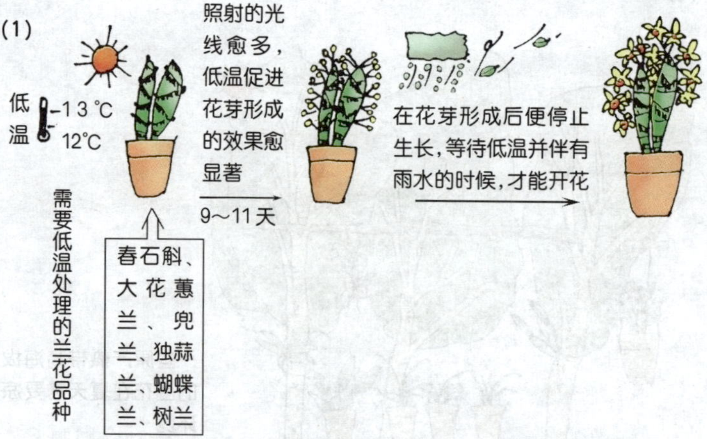

(2)

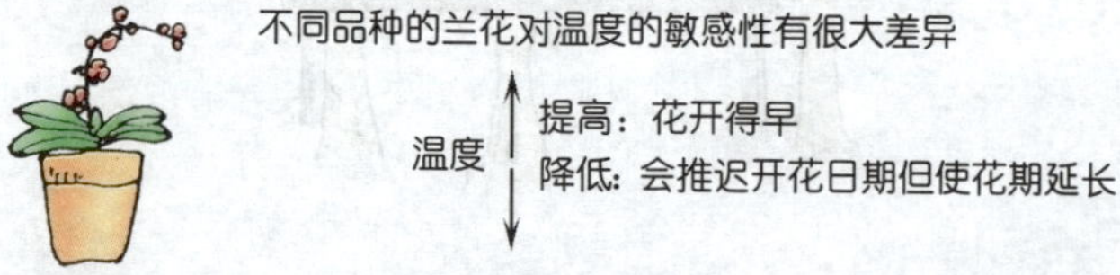

(四)光照控制

1.光照的强弱对兰花正常生长的影响

光照的强弱	过 弱	适 中	过 强
对生长的影响	叶片呈暗绿色而无光泽。植株生长细长，软弱而弯斜。叶芽多而花芽少，开花少，不开花或花色不够鲜艳	叶片绿而细腻且有光泽。植株生长健壮，花繁叶茂	叶片呈淡绿或黄白色、粗糙，严重者，局部会出现焦黑或焦伤

2.光照与兰花特征间的关系

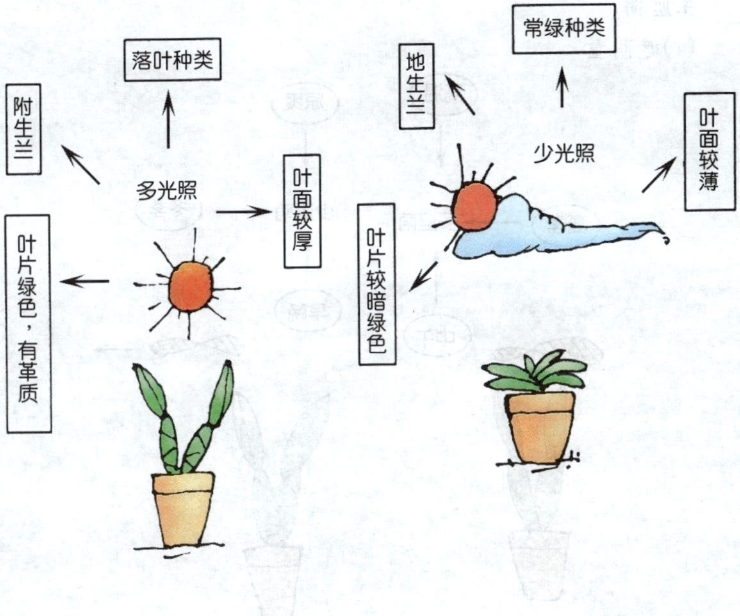

3.几种洋兰需光照强弱比较

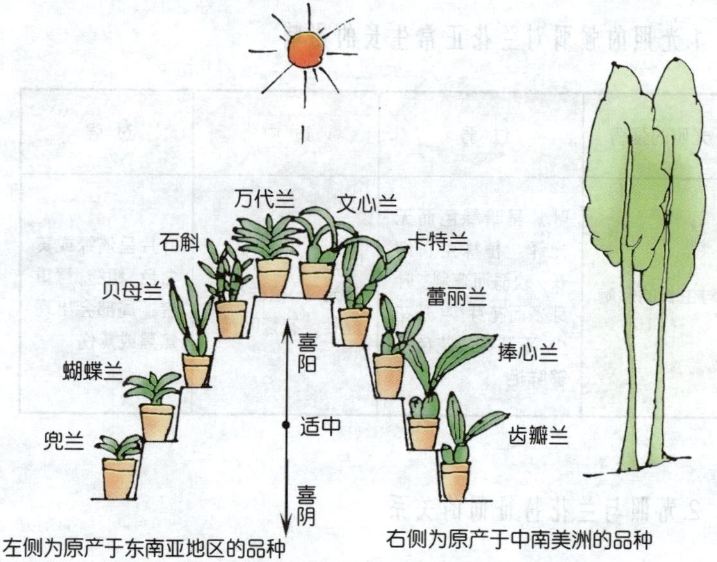

4.遮荫

(1)遮荫量

(2)遮荫时间

冬天

兜兰、蝴蝶兰（喜阴性洋兰）　万代兰、卡特兰、石斛兰（喜阳性洋兰）

夏天

兜兰　卡特兰　兜兰　卡特兰

(3)遮荫的方式

①
树荫

②
竹帘
苇帘
遮光网

③
自动式拉伸
遮光网

5.光照不足

冬天屋内较暗，或阴雨连天，有必要在白天上午8时至下5时间增加光照。

（五）湿度控制

1.热带洋兰的景天酸代谢(CAM)

这是部分附生洋兰适应干旱的一种代谢方式。一般生长在热带雨林地区的附生兰都具有耐旱能力。因为附生兰生于树上或岩石上，根部周围难以滞留水分，植株经常处于水分供应不足的困境之中。附生兰通常有海绵质根被的根、肥厚的假鳞茎、厚革质或肉质的叶以及生于叶背的气孔等，这些都有利于对干旱生境的适应。因此，浇水量一定要按照不干不浇的原则，根据盆栽材料的干湿程度来定。但是，要生长发育良好仍需要适当的水分供应。因为兰花是不能缺少水分的，在自然界中虽处干旱，但生境中湿度还是相当高的。

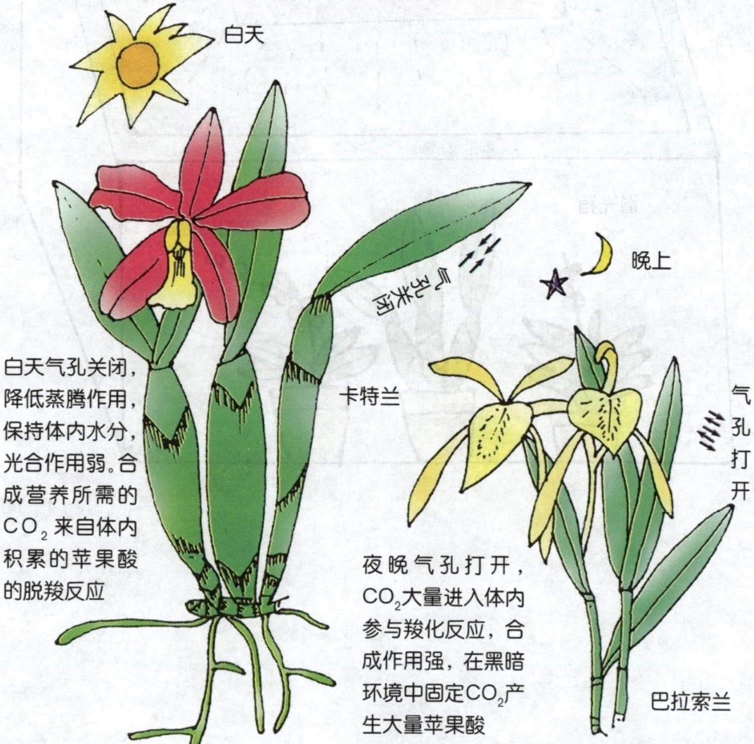

2.浇水的原则

3.浇水次数和数量

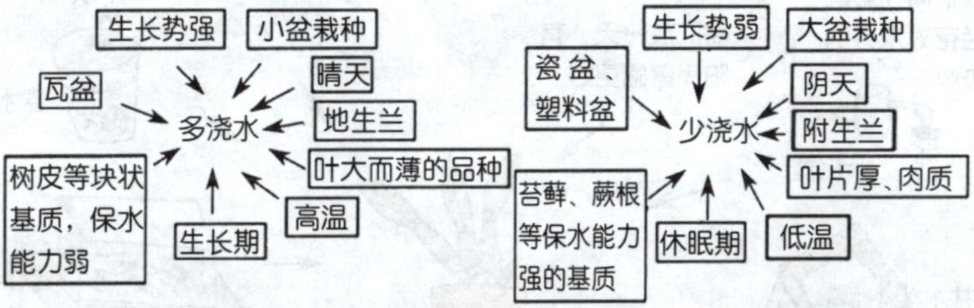

浇水的次数和数量随季节的变化而变化。浇水的次数要根据季节、基质情况、兰花种类以及地区气候条件(温度等)而定；浇水的数量以基质湿透为度。

春季	2～5天 1次	秋季	2～5天 1次
夏季	至少每天 1次	冬季	4～5天或 1周1次

要根据辩证法灵活掌握

浇水要仔细，因地制宜。生长期力求保持湿润而不滞留水分，冬季以不干燥为度，特别在低温来临时，切忌过多的水分。

4.兰花的用水

兰花的用水水质以少含矿物质（软水）、无毒素、无污染、富含氧离子（流动水）、微酸性（pH 值 5.5～6.5）为最好。

5.浇水方法

(1) 水壶灌注法

兜兰、蝴蝶兰等品种新株叶芽展开、叶片未发育成熟时，在高温及严寒时的开花期间，不要对着花朵淋水，以免导致花朵提前凋谢。这时候需要用较长的喷嘴往盆面浇水

(2) 喷雾法

在生长季节

(3) 浸水法

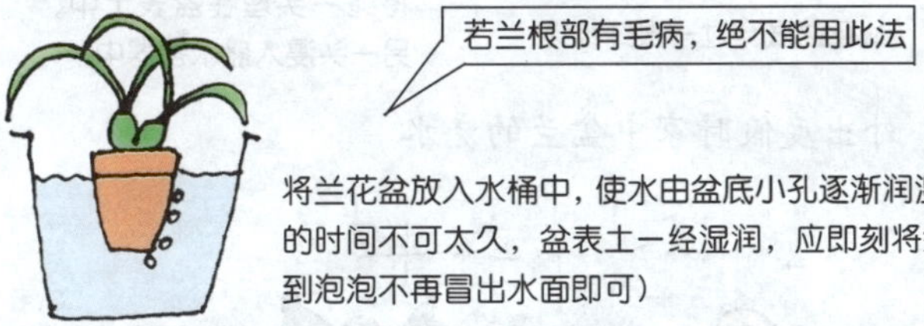

将兰花盆放入水桶中，使水由盆底小孔逐渐润湿盆土。浸的时间不可太久，盆表土一经湿润，应即刻将盆取出(直到泡泡不再冒出水面即可)

(4) 喷壶淋浇法

可清洗叶面灰尘，增加叶片湿度，但易使新株叶心积水而诱发腐烂病

（5）滴灌法

（6）自动浇水

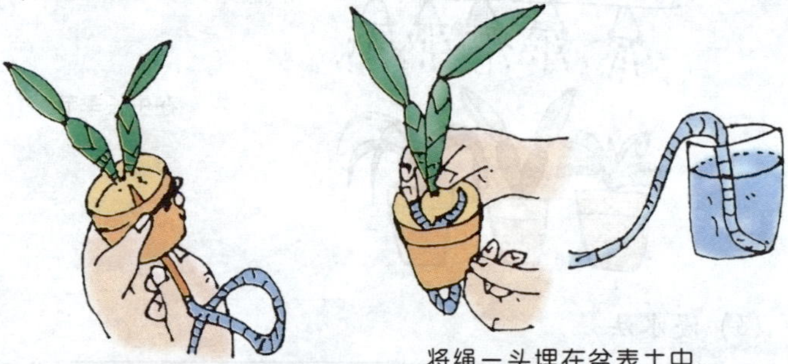

（7）外出度假时家中盆兰的浇水

6.浇水时间

7.浇水注意事项

(1)

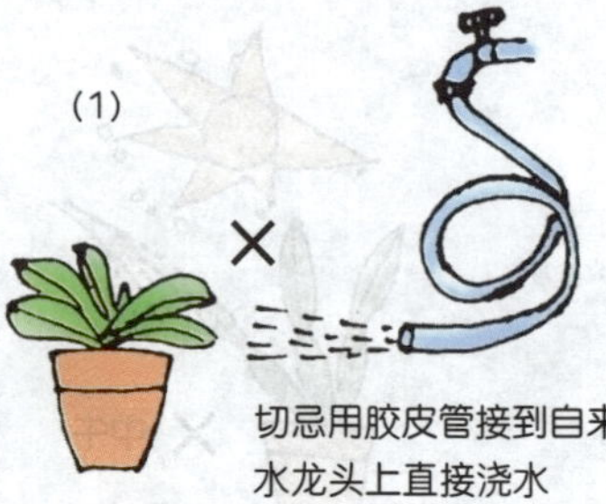

切忌用胶皮管接到自来水龙头上直接浇水

(2) 温度计

浇水的水温须与花盆基质的温度相同

(3)

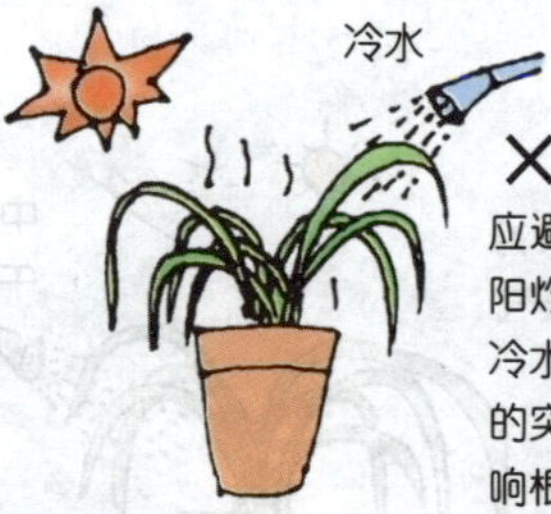

应避免兰盆在太阳灼晒下骤然用冷水浇灌。盆土的突然降温会影响根系吸水，干扰其生理平衡

(4)

若在夏日突遇雷雨后必须用清水浇透盆土，以消除余热，否则易使兰根损伤，甚至枯死

(5)

高温或严寒时期不要把水浇在花的叶心中，以免造成植株中心积水。一旦积水，可用吸水纸或棉花把水吸掉

8.湿度需求规律

湿度的控制：

好湿的完全气生洋兰：白天70%～80%，夜间80%～90%

半附生洋兰：65%～80%

地生洋兰：50%～70%

洋兰的生长发育要求有较高的湿度，且常需与光照、温度等进行合理的调节。

☆注意：洋兰虽喜爱高湿度的环境，但过湿则容易诱发病害。

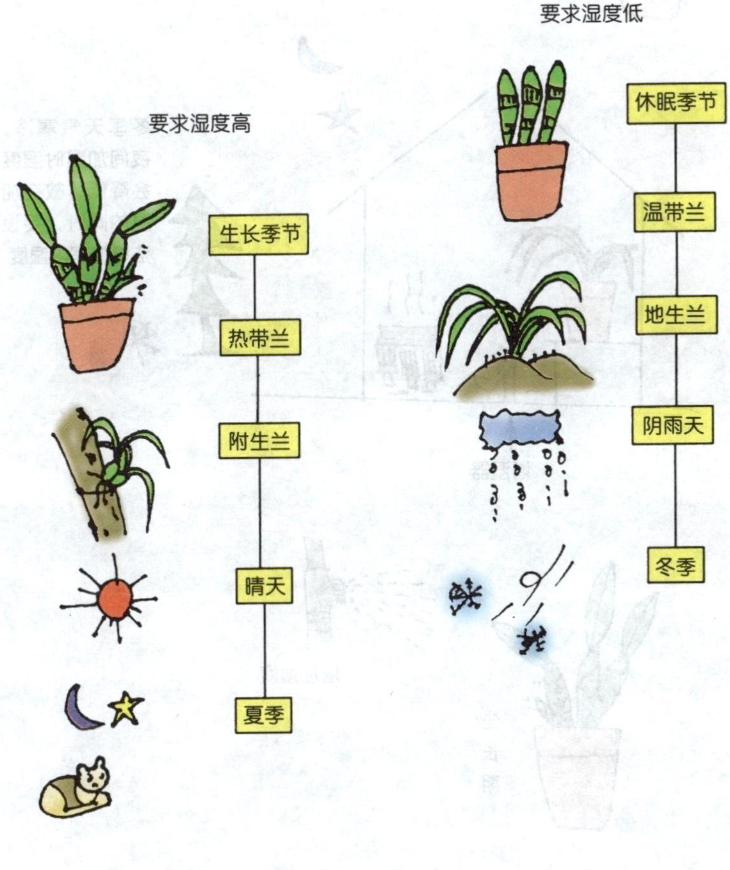

9.增加湿度的前提

春秋两季，风大，空气干燥，必须坚持增湿制度

冬季天气寒冷，夜间加温时湿度会降低，故在加温的同时，要设法增加室内湿度

10.增加湿度的方法

(1) 坐盆法

夏天炎热，秋天干爽

将花盆坐在一个较大的盛水容器中，该容器里放一倒置托盘

(2) 水苔增湿

用水苔疏铺盆面，并让水苔下垂于盆缘外，用水喷湿水苔

(3) 喷雾法

用间接喷雾法，不直接对植株浇水，仅向周围环境喷水雾

(4) 铺沙法

下层铺沙土增湿，用风扇强制通风

沙层

(5) 种蕨增湿

在兰花周围种植上蕨类植物等帮助增加湿度

(6) 套盆法

将盆株坐于一个较大的盆中，内盆宜小盆，两盆中间盛有陶粒、木炭等介质

(7) 置于玻璃缸或塑料薄膜罩内

此方法更适于夏季喜冷凉的品种。炎热时将其移入空调房中

(8) 改善小环境

(六)通风

1.创造良好的通风环境

通风可以调节兰花室内温度、湿度，有利于兰花生长；

可免除或减轻病虫害的发生，因大多数病虫害都是因通风不良所致；

能排除空气和水中对兰花生长有害的物质。

2. 通风的方法

▷ 向水平方向吹风

▷ 棚顶风扇能迅速吹走热气，防止室温过高

在严寒的天气，不能让特冷的空气穿堂而过，以免损害兰花幼芽

（七）施肥

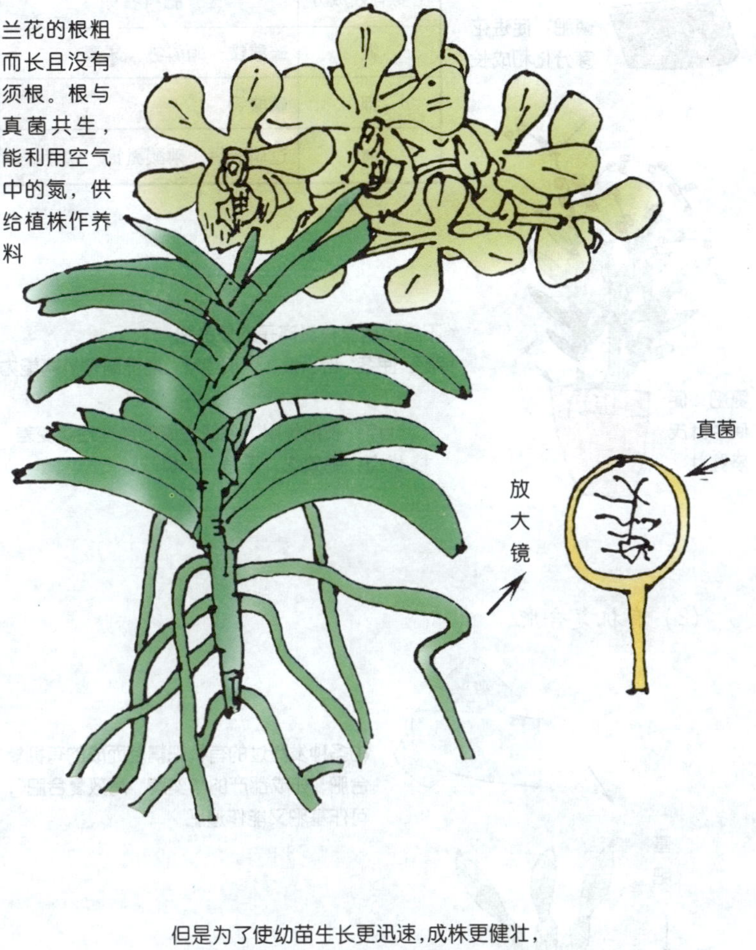

但是为了使幼苗生长更迅速，成株更健壮，花色更鲜艳美丽，合理的施肥仍是必要的

1.常用肥料种类

(1) 无机(复合)肥

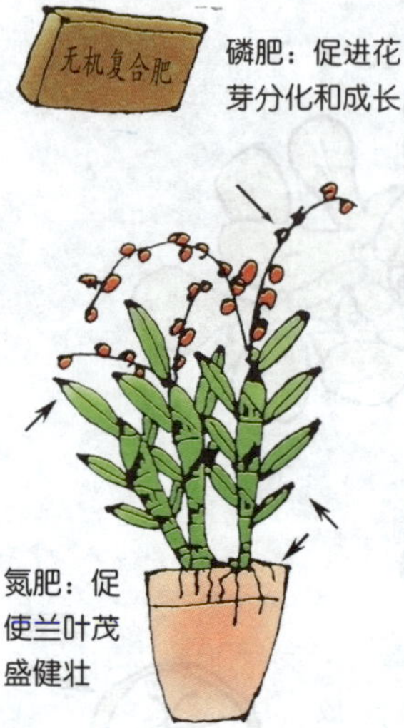

主要有效成分	肥料名称
氮	硫酸铵、硝酸铵、尿素
钾	磷酸钾
磷	过磷酸钙、磷酸氮钾、磷酸铵

*不宜施用含有氯离子的复合肥

钾肥：使茎、叶、根，生长健壮，增强耐寒抗病能力

▷缺点：长期单用，会使土壤的物理性状变差

▷优点：肥效快、干净、无臭味

(2) 有机复合肥

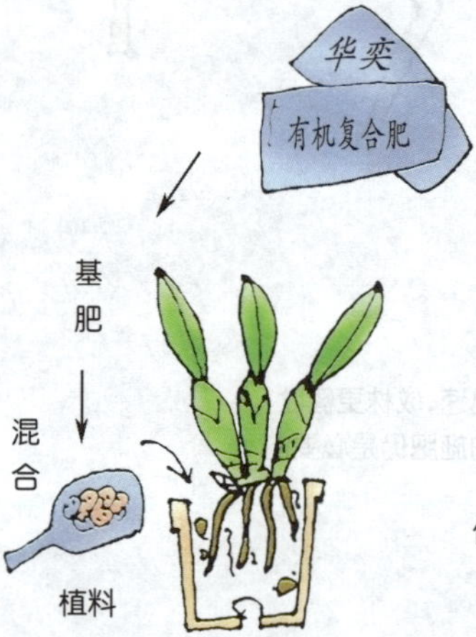

由多种发酵过的有机肥精制而成的有机复合肥，如成都产的华奕牌“高效复合肥”，可作基肥又能作追肥

优点：无毒，无公害

(3) 多元叶面肥

品种	产地	主要成分、功能
华奕牌花康	成都	营养成分、生长素、杀虫和杀菌三合一。营养与保健双重作用
高产灵	福建	营养元素、氨基酸，为营养型高效液肥
高利达	深圳	光合作用促进剂
植物动力2003	德国	多种植物营养物质、微量元素，为全价肥
生多素	美国	生长促进剂
花宝1～5号	美国	在洋兰栽培中使用最普遍，效果也好，为激素型兰肥。按兰花生长情况选择1～5号肥

☆注意：
叶片的气孔主要分布在叶背，而叶面施肥，主要是通过叶片气孔渗入叶内的。所以喷施叶面肥，应力求喷及叶背

(4) 有机液体肥料

品种	产地	主要成分、功能
多木	日本	养分全面，促根催芽，中和土质，抗病害
喜硕	澳大利亚	含多种元素、糖、氨基酸、酵素、激素和活菌素，为天然藻类肥和土壤改良剂
益多	台湾	含镁的兰花专用肥(不适用于艺兰类)
施达	美国	促根催芽，打破休眠，提高光合作用
翠筠B系列	台湾	促根催芽，按兰花生长情况选择B系列肥

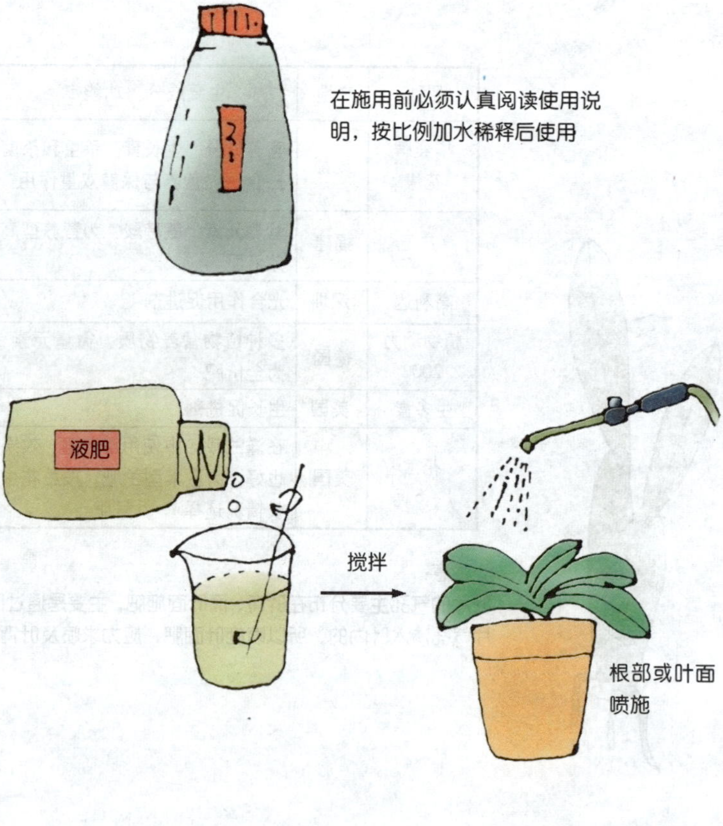

(5) 生物菌肥

品种	产地	成分、功能
保得	广东	含有放线菌及复合代谢物，多种植物生长物质，抑菌活性物质及营养物质
兰菌王	成都	全价营养素，兰菌群，天然内源激素。具有促根，催芽，壮苗作用

在新根和新芽生长前期施用效果很好，可在换盆或分株后给植株喷施

(6) 长效缓释颗粒肥

品种	产地	特点、功能
魔肥	美国	自动控制养分供给的缓释颗粒肥，肥效长达2年。但含镁成分高，不宜施用于艺兰类
施可得	美国	同上。不含镁成分
奥妙肥	荷兰	可作基肥，直接接触根系，不会伤根
益多	台湾	生物菌粒状肥
多妙肥	广州	可控缓释养分

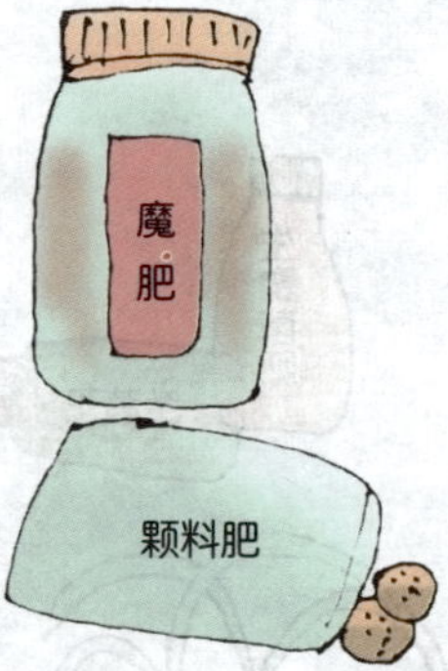

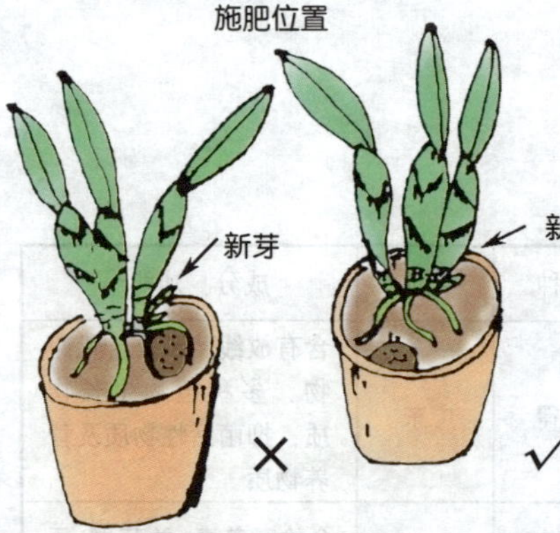

肥料不可施于太接近株根的部位

(7) 自制有机肥

大矿泉水瓶

装入洗鱼水、鱼内脏、骨头、淘米水、鸡毛、尿、剩饭、洗奶瓶水、豆类、青菜、蛋壳……等，加入橘子皮，然后盖上盖子，让其发酵一段时间后，即可稀释成淡薄肥液。施用时可加少量啤酒及其他肥料

(8) CO_2 施肥

在光照条件下，利用 CO_2 增加室内的含氮量，有利于光合作用，多制造养分

2.施肥

(1) 全年的施肥工作

冬	春			夏			秋			冬	
1	2	3	4	5	6	7	8	9	10	11	12
休止期	开始发新芽、新根		生长旺盛期					生长缓慢期			休止期
不施肥	少施肥		多施肥					少施肥			不施肥
	每半月施1次肥		每周施1次肥					每半月施1次肥			

(2) 不同生长时期的氮磷钾需求不同

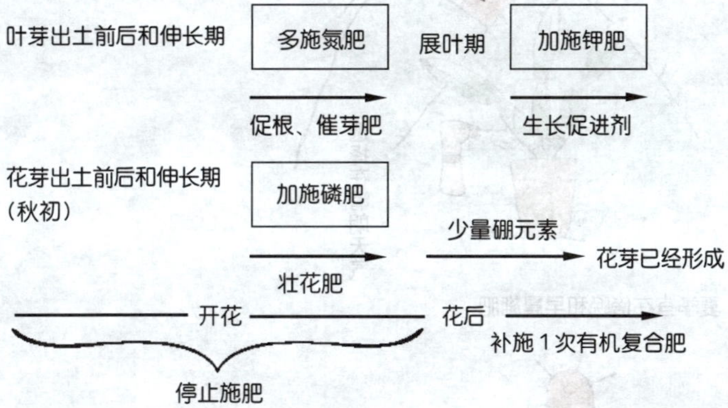

促根、催芽肥："施达"、"花宝2号"、"植物动力2003"、"兰菌王"等，施用该肥3~5天后再施用氮肥。

生长促进剂："生多素"、"花宝2号"、"高产灵"等。

壮花肥：花宝3号。

(3) 施肥量

要根据不同生长时期、盆栽基质、生长状况和肥料品种等具体情况确定。

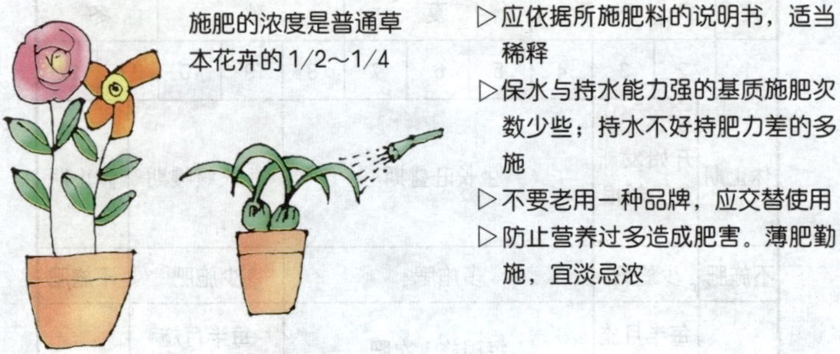

(4) 施肥方法

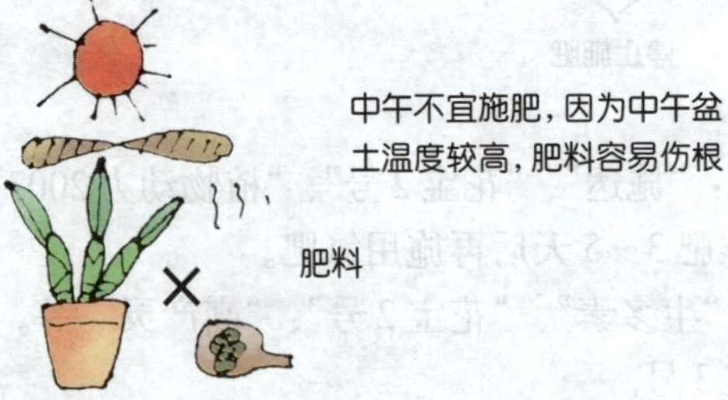

（5）施肥时的温度

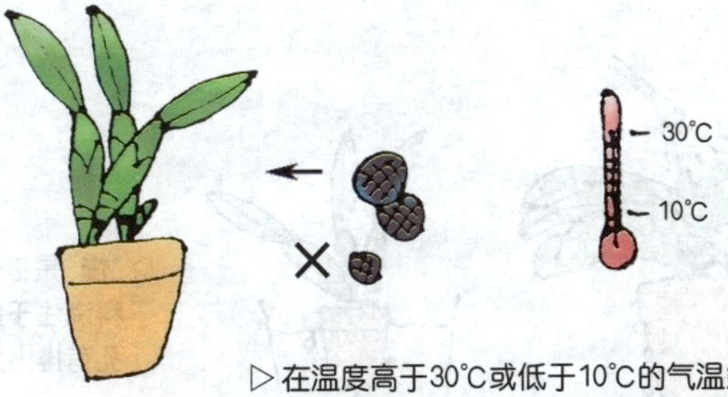

▷ 在温度高于30℃或低于10℃的气温条件下不能施肥

▷ 最适宜施肥：温度 18～25℃间

炎热天气

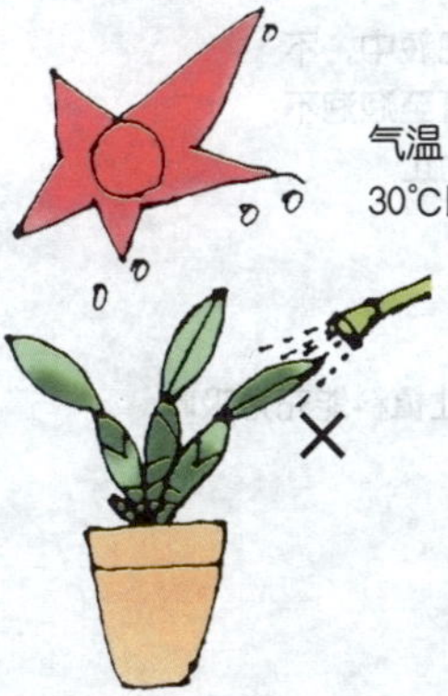

连日阴雨

低温小雨切勿施肥；温度虽高，但连日阴雨条件下也不能施肥，因为肥液营养成分难以被植株吸收

（6）施肥三要点

一要慢！二要透！三要净！

有液肥排出

将花盆浸在肥液中，不超过盆沿，直至泡泡不再冒出水面为止

▷“慢”是指慢慢地将肥料浇注于盆面，至底孔有排出为止

▷“透”是让植料能充分吸收

▷“净”是在施肥后的第二天用清水浇洒兰株和植料，洗净粘附在叶面及根系上的肥液，以免污染叶面和根系

（八）修剪

兰花在生长过程中要进行必要的修剪

(1)

用棉花或毛笔蘸微温水擦拭叶面

(2)

剪去枯褐病毒叶

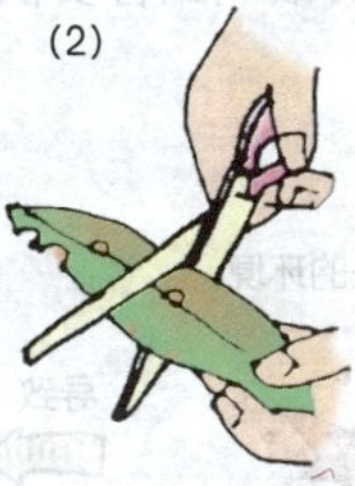

剪刀须进行消毒，因为病毒会通过剪刀传染

(3)

剪去黄化的叶子

(4)

花谢之后应及时剪除。凋萎的花易产生乙烯等有害气体，容易使其他未凋萎的花朵提早衰败

花芽

当兰花的花芽出土后，如花芽太多，应疏除，去弱留壮，每株可留1芽。花芽太多，影响开花且消耗母株的养分，造成第二年不能开花

（九）病虫害防治

对新购回来的兰株要严格检查，一旦发现传染有病虫害，就要隔离处理，不能与其他兰株放在一起，直到把病虫害彻底治好为止。

药物防治病虫害要在露天进行，杀虫剂应远离小孩和家畜。

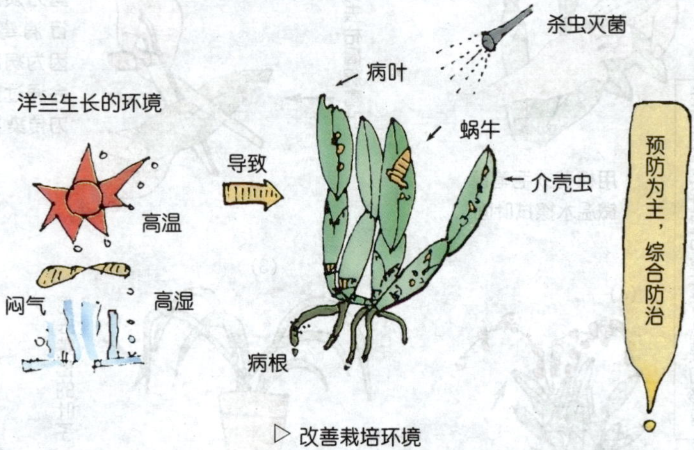

▷ 改善栽培环境

▷ 注意环境卫生

▷ 加强通风、透气、透光

1.引起兰花病害的原因

▷ 气候环境及人为因素引起 ⟶ 生理病害

不良的光、温湿条件外界力致伤

不合适的基质；施肥不当；浇水方法不当；摆放位置不当

▷ 病菌入侵造成 ⟶ 传染病害

▷ 虫害

2.病虫害在各季节发生情况

季节	天气特点	洋兰生长期	病虫害发生情况及发生系数
春	气温时高时低	生长活动开始期	一般，但要很注意。☆☆☆！
夏	高温高湿	快速生长期	严重，特别注意。☆☆☆☆！！
秋	干燥	生长开始减弱	一般，但也要注意。☆☆
冬	低温	部分进入休眠期	较小，防冻。☆或☆☆

3.常见虫害

症　状	图解	诊断	对　策
软或硬介壳状的虫，棕色或黑色		介壳虫	若少量发生时，可先用软刷刷除，再用水冲洗；或用蚧死净800倍液、蚧杀特800倍液等全面喷杀；或用15％铁灭克颗粒剂根施
常成群聚集于叶背刺吸叶汁，橘红色或橘黄色		红蜘蛛（螨类）	增加叶面湿度。可用20％除螨灵2000～3000倍液，或花康1号2000倍液喷施
新枝叶芽上有成堆的虫体。叶畸形及褪色	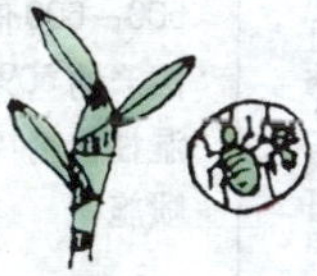	蚜虫	40％水胺硫磷乳剂1000～1500倍液，或10％蚍虫啉可湿性粉剂800～1000倍液等喷杀

症　状	图解	诊断	对　策
软绵绵的粉状物覆盖的虫爬在角质层较薄的兰花叶子上		粉虱	喷洒2.5%溴氰菊酯，20%速灭杀丁2000～3000倍液等
叶面或根部有软体带壳虫蠕动。爬行后叶片留有银色纹路		蛞蝓或蜗牛	随时注意植株卫生，以蛞蝓铒料杀灭
常从盆孔进入兰盆，吃掉味甜质嫩的兰根尖		蟑螂	注意卫生环境，喷施灭害灵，及用蟑螂笔、蚂蚁药防除

4.常见病害

症　状	图解	诊断	对　策
叶片上有椭圆形轮纹斑		炭疽病、叶黑斑病、褐斑病	立即剪掉有病的叶片并烧毁。可用50%多菌灵，70%代森锰锌或75%百菌清500～600倍液，也可用德国产的50%“施保功”可湿性粉剂1000～1500倍液喷施

症　状	图解	诊断	对　策
新芽和幼株基部腐烂		软腐病或叫褐腐病	选用医用氯霉素针剂500～1000倍液，"可杀得2000"1200倍液
株茎、假鳞茎起黑块斑，变硬并干枯，然后蔓延至根部和叶片		茎腐病	80%福美双1200倍液，64%卡霉通700倍液，"可杀得2000"1200倍液喷施或浇根
叶片有如开水烫熟的青菜样斑块，有恶臭，褐色或近黑色		细菌性软腐病	百菌清500～600倍液，0.5%波尔多液或200毫克/升农用链霉素或甲基多硫磷等喷杀
出现淡灰色枯叶，根群呈褐色腐烂，略带白色或褐色附着物		根腐病	90%疫霜灵(乙磷铝)可溶性粉剂和多菌灵600倍液，"可杀得2000"1200倍液
株基和盆面出现白丝体		白绢病	喷施50%代森锰锌500～1000倍液，50%多菌灵1000倍液等。本病在酸性(pH值5.3)条件下发病最为严重，用草木灰或浇施0.5%～0.1%石灰水纠正基质过酸，从而抑制其发病

症　状	图解	诊断	对　策
叶背有许多芝麻大小、铁褐色凸状物，如黄色沙点斑		铁锈病	用代森锰锌、粉锈宁，大生45 500～600倍液，"可杀得2000" 1200倍液喷杀
花朵出现水渍状淡赤色晕圈性烂斑		细菌性花腐病	0.5％高锰酸钾浸泡或喷施，氯霉素针剂或链霉素500～1000倍液喷洒
常表现为植株矮化或萎缩，叶上多表现深绿与浅绿镶嵌的花叶叶疤、黄化等。通常的病斑，为乳白色或淡黄色网状斑纹；多呈不规则的条形斑，少数可有长卵形斑或不规则环状斑。可把兰株提到视平线上，对着亮光进行透视，斑体透明，边界呈扩散状	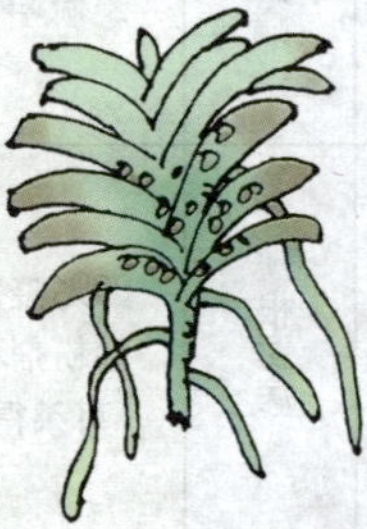	病毒病又称毒素病	目前仍是一种没有很好治疗方法的病害，只能做预防工作，使用的工具要进行消毒。抗病毒的药剂：病毒必克500倍液、病毒K1200倍液

5.预防及救治措施

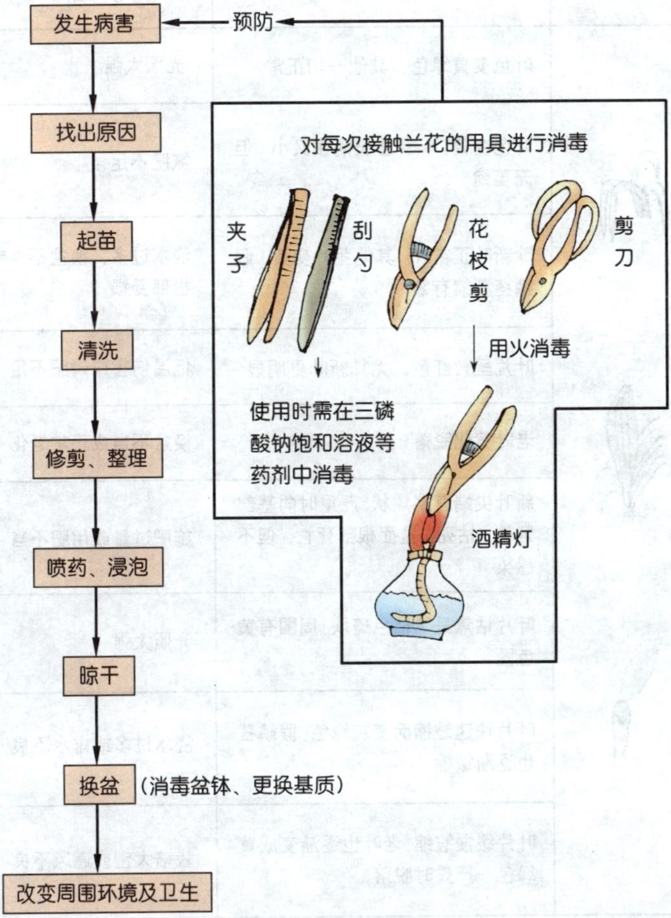
发生病害
预防
找出原因
对每次接触兰花的用具进行消毒
夹子
刮勺
花枝剪
剪刀
起苗
清洗
用火消毒
使用时需在三磷酸钠饱和溶液等药剂中消毒
修剪、整理
酒精灯
喷药、浸泡
晾干
换盆（消毒盆钵、更换基质）
改变周围环境及卫生

6.常见生理病症

部位	症　状	诊　断
	叶色变黄绿色，其他一切正常	光照太强
	叶色变黄，新芽生长既慢又小，但无萎缩	氮肥不足
	除新叶正常外，其他茎叶变黄，假鳞茎萎缩有皱	浇水过多，换盆不当或根部受损
	叶片呈紫红色，尤其新叶更明显	低温伤害或磷肥不足
	老叶黄化脱落	换盆不当或正常老化
	新叶尖端有烧焦状，严重时向基部延伸、枯死。盆面根部死亡，但不感染	施肥过量或用肥不当
	叶片枯焦呈黑枯色斑块，周围有黄色圈	光照太强
	叶片快速皱缩而变灰绿色，假鳞茎也逐渐皱缩	浇水过多或排水不良
	叶片缓慢皱缩，老叶也逐渐变成黄绿色，严重时脱落	栽培太密或通风不良
	根群枯死（上层比下层多），茎叶皱缩凋萎	施肥过量或水中盐分过高
	除新芽有健壮根外，其他根群全部死亡	浇水过多或基质已腐烂，造成排水不畅

部位	症　状	诊　断
	假鳞茎逐渐萎缩，数周或者数月后叶色变黄	浇水不当或空气湿度不够；长期低温或根部无法吸收水分
	假鳞茎灼焦状或呈斑块状	光照太强
	茎叶细长，徒长软弱	光照不足或钾肥不足，氮肥太多
	花蕾停止生长	夜间光照太强，光照时间不当或夜温太高
	花蕾蜜汁凝固，花萼先端粘闭，无法正常开花	温度太低
	花蕾变黄再逐步转为淡橙红色，最后脱落	乙烯伤害或植株生长细弱
	花朵未开即凋落，子房部位变黄或粉红	乙烯伤害
	花朵舌瓣基部变红色	低温伤害
	花朵畸形	花芽分化期间受药害，或温度过大，或催花不当

五、四季常规管理

（一）春季(2月中旬~5月)

这个季节是家庭及初学养花人士购买兰花的最好时机。从这个时期直至秋季是其生长的旺盛期，对初学者来说，容易栽培管理。

1.前期

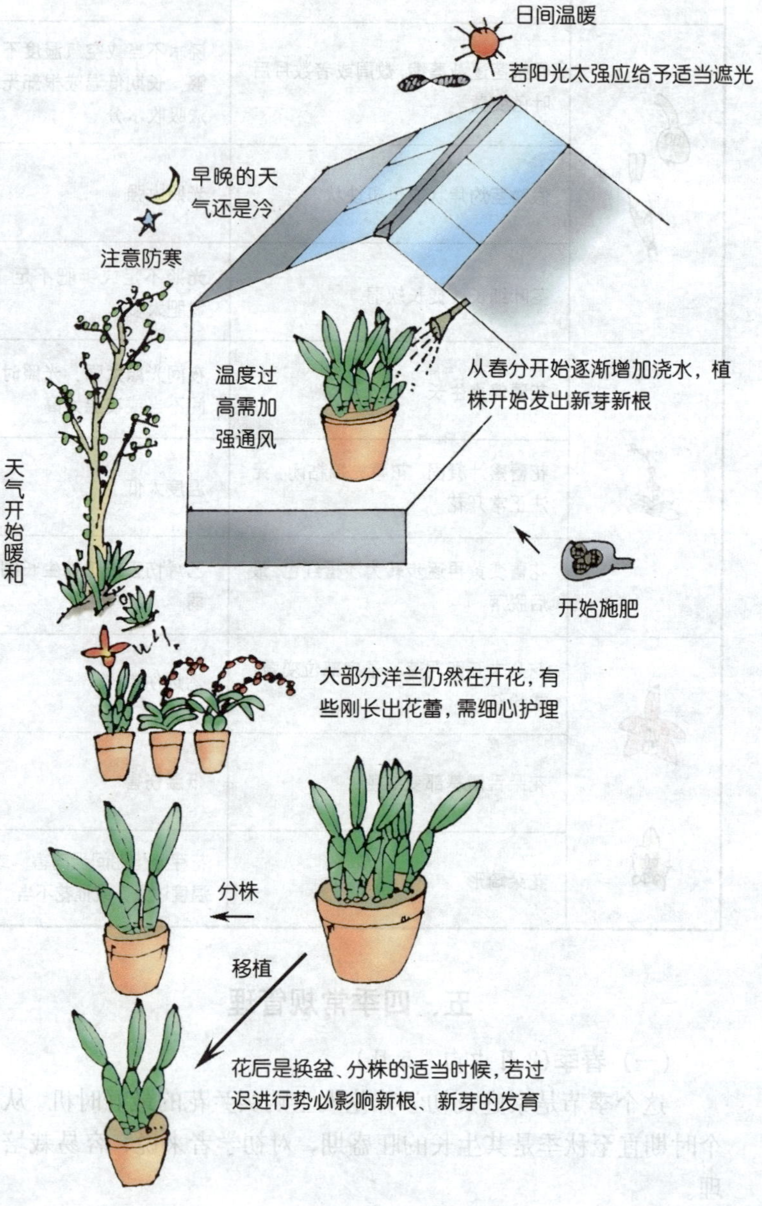
日间温暖
若阳光太强应给予适当遮光
早晚的天
气还是冷
注意防寒
温度过
高需加
强通风
从春分开始逐渐增加浇水，植
株开始发出新芽新根
天气开始暖和
开始施肥
大部分洋兰仍然在开花，有
些刚长出花蕾，需细心护理
分株
移植
花后是换盆、分株的适当时候，若过
迟进行势必影响新根、新芽的发育

2.后期

▷有时天气仍然寒冷，要适时调节温室内的温度

▷兰花已开始进入生长旺盛期

▷可多浇水及施淡薄肥。

▷开始进入雨季，备好防雨设施

部分喜冷爽品种移出室外有遮蔽处

（二）夏季（6～8月）

1.前期

天气变化大。

▷有时高热，应保持周围通风。

▷阴雨连天，会导致光照不足。

▷间断的梅雨较有利于兰花生长，而长时间的梅雨，易使根部及芽腐烂。

2. 后 期

梅雨已过，炎热天气真正来临。

早晚

▷不遮荫或适当遮荫

▷可进行施肥

▷浇水，增加湿度

▷加强通风

中午

▷遮荫

▷切忌施肥

▷切勿浇水

▷加强通风

蝴蝶兰
兜兰
鹤顶兰

卡特兰
春石斛

万代兰
指甲兰

（三）秋季（9～11 月）

1. 前 期

白天炎热，夜间清凉。

环境干爽。

☆注意：①增强环境的湿润而兰盆保持适当的干爽。

②预防秋雨，防止瞬间低温。

③许多兰花的花芽开始萌发，要小心管理，适当减少浇水量。

2.后期

白天秋凉，夜间有初冬感觉。

天气多晴，湿度低。

☆注意：

①高、中温型的洋兰应准备移入室内

②适当浇水，增加湿度

(四)冬季(11～2月)

美丽而冷酷的季节。

1.前 期

分类管理：

▷有些未开花品种需低温促花期

▷开花品种

▷花后品种可进一步换盆、分株。无温室条件，暂不进行

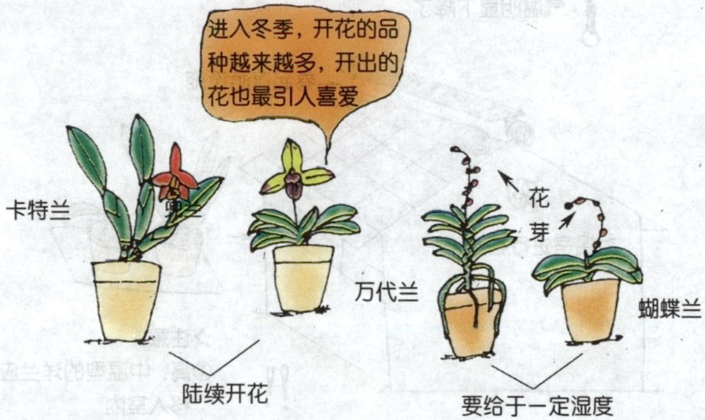

2.中期及后期

元旦、春节接踵而来，各地有兰花展览，这时可购些好的品种。

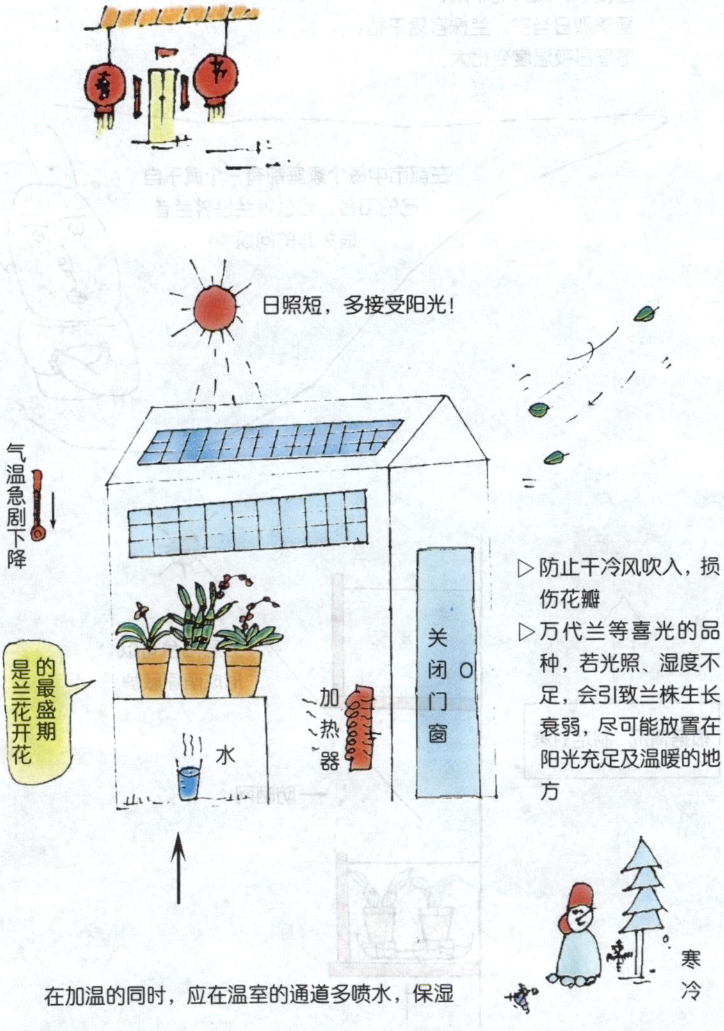

六、阳台养兰

1. 阳台养兰的缺点：

光照强，日照长；
湿度小，风大而干燥；
夏季烈日当空，兰株容易干枯；
冬季日夜温度变化大。

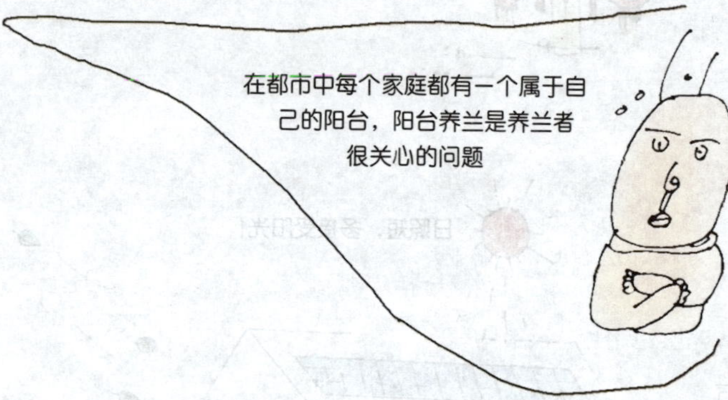

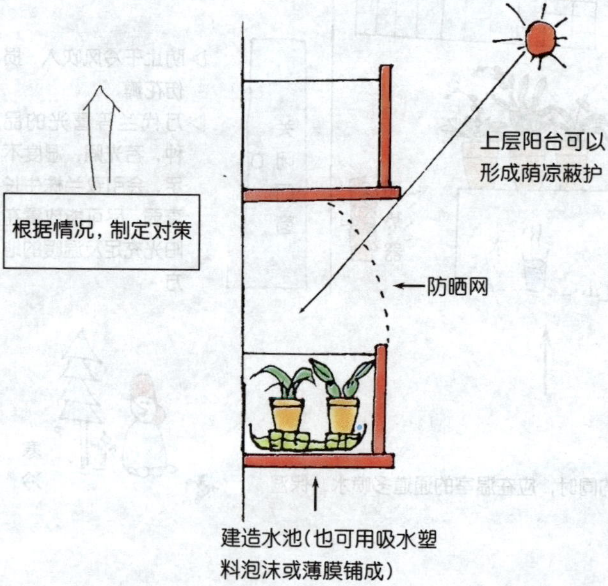

2.阳台的设计

把阳台改建成半温室或温室花房。

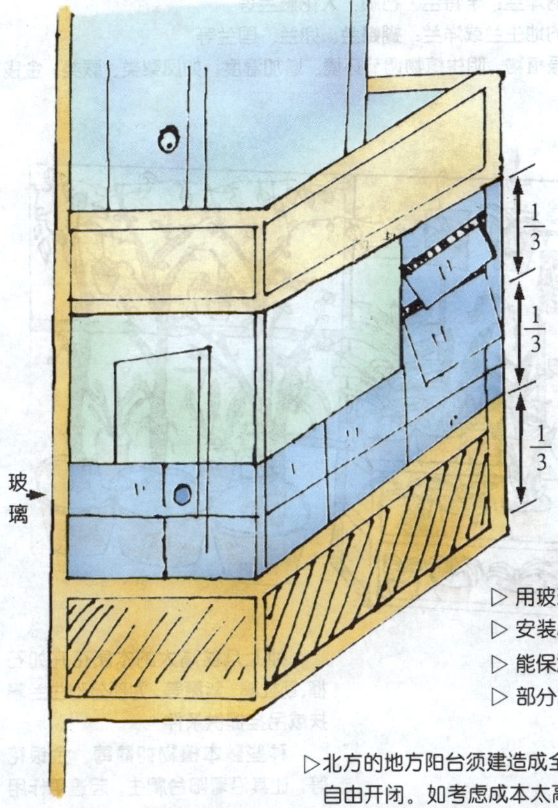

建议

▷ 用玻璃或透明膜建造。

▷ 安装必须牢固。

▷ 能保温、保湿，又能挡风。

▷ 部分能自由关闭。

▷北方的地方阳台须建造成全玻璃门窗，上层1/3可自由开闭。如考虑成本太高也可在冬天用塑料薄膜代替。

另一个建议

▷ 最好全用能左右移动的铝合金玻璃门窗。气温高时可把窗推开，气温低时关闭。

▷至于日照的问题，可用纸条、玻璃上涂颜料遮去部分光照。

▷为了达到花房光照平行，可在墙壁上安装上几块镜子。

○玻璃一般能过滤 1/3 的光照。

3.阳台布置

悬置吊挂喜光照的热带兰如万代兰、石斛、文心兰、石豆兰等：

▷上层为喜光照的洋兰：万代兰、文心兰、石斛等

▷中层为中性的洋兰：卡特兰、石斛、大花蕙兰等

▷下层为喜阴的地生兰或洋兰：蝴蝶兰、兜兰、国兰等

▷中间种植常绿植物、阴生植物调节环境、增加湿度。如凤梨类、蕨类、金钱树、吊兰等

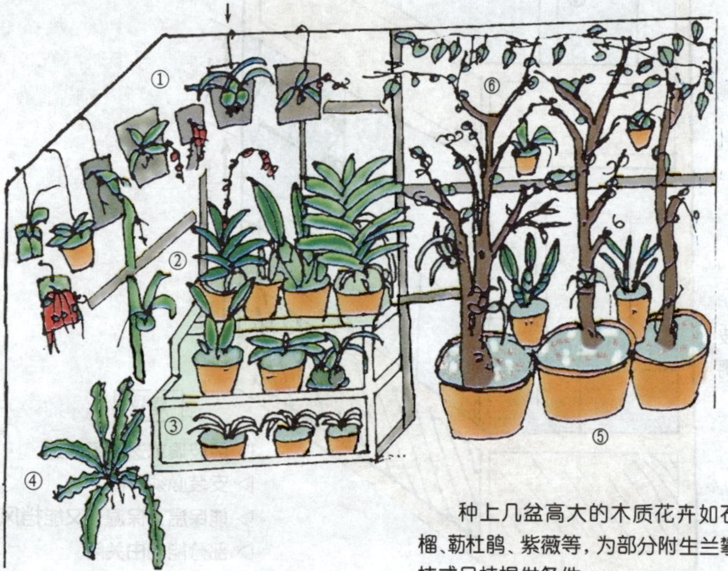

种上几盆高大的木质花卉如石榴、簕杜鹃、紫薇等，为部分附生兰攀扶或吊挂提供条件

种些藤本植物如葡萄、金银花等，让其沿着阳台爬生，起遮荫作用

它将更具吸引力！它将成为一个“世外桃源”！

其 他

一、洋兰常见病虫害症状

(一)虫 害

① 蚜虫为害的花朵
② 螨类为害的叶片

(二)病　害

① 根腐病

② 茎腐病

③ 叶片炭疽病

二、洋兰生产

洋兰组织培养

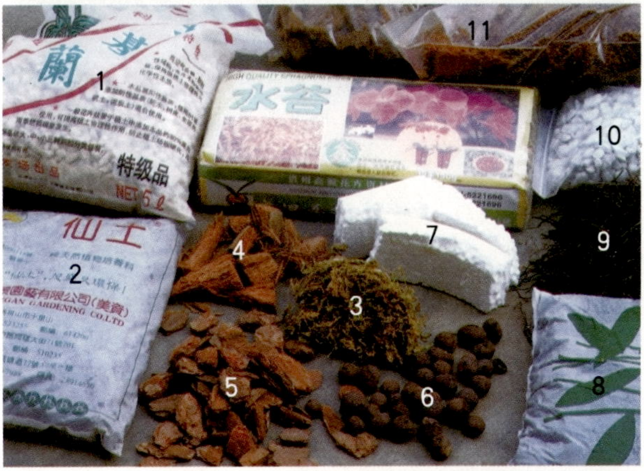

兰花的栽培基质：

1.兰石　2.仙土　3.水苔　4.椰子壳块　5.树皮　6.陶粒　7.泡沫　8.袋装腐殖土　9.蕨根　10.石砾　11.泥炭土和椰糠的混料。

洋兰生产温室

三、应　用

(一)环境布置

兰花甬道

假山布置

庭院角落

阳台布置

洋兰温室布置

(二)饰品·礼品

盆花礼品

壁　饰

插　花

石　斛(茎藤药用)

这是名贵中药金钗石斛的成品,有养阴除热、生津止渴、补气养血、壮腰健脾的功效。

天　麻(根茎药用)

天麻为名贵中药,有息风镇痉与治疗头痛、头昏眼花、风寒湿痹、小儿惊风之功效。